服装实用技术·应用提高

U0392676

童装纸样设计

（第2版）

马　芳　编著

中国纺织出版社

内 容 提 要

童装纸样设计是服装纸样设计的一部分，既与成人纸样设计具有一定的相似性，又有独特的设计方法。本书从影响童装纸样设计的儿童心理、生理特征和体型特点等方面出发，以大量实际童装纸样设计案例系统介绍了 0~12 周岁儿童服装的纸样设计原理、变化规律、设计技巧和绘制过程，书后还附有国内外童装参考尺寸。

本书图文并茂、通俗易懂、兼具知识性、实用性和资料性，既适合童装生产企业制板人员阅读参考，又可作为服装专业院校教材使用。

图书在版编目（CIP）数据

童装纸样设计/马芳编著. --2 版. --北京：中国纺织出版社，2018.10（2024.11重印）

（服装实用技术·应用提高）

ISBN 978 - 7 - 5180 - 5425 - 1

Ⅰ.①童… Ⅱ.①马… Ⅲ.①童服—服装设计—纸样设计 Ⅳ.①TS941.716.1

中国版本图书馆 CIP 数据核字（2018）第 228517 号

策划编辑：张晓芳　　责任编辑：朱冠霖　　特约编辑：朱佳嫒
责任校对：寇晨晨　　责任设计：何　建　　责任印制：何　建

中国纺织出版社出版发行
地址：北京市朝阳区百子湾东里 A407 号楼　邮政编码：100124
销售电话：010—67004422　传真：010—87155801
http://www.c-textilep.com
中国纺织出版社天猫旗舰店
官方微博 http://weibo.com/2119887771
北京通天印刷有限责任公司印刷　各地新华书店经销
2008 年 2 月第 1 版　2018 年 10 月第 2 版　2024 年 11 月第 16 次印刷
开本：787×1092　1/16　印张：16.5
字数：306 千字　定价：58.00 元

第 2 版前言

　　《童装纸样设计》一书自出版以来，一直受到广大消费者的青睐，读者通过该书了解到更多有关童装设计与制板的知识，为服装院校师生、童装企业技术人员和广大的童装爱好者提供了参考和帮助。

　　有关资料显示，逐步提高的婴儿出生率、家庭收入，日益慷慨的父母以及时尚潮流消费观念的深入等多方面因素共同推进了我国童装市场的发展，童装市场未来前景一片光明。与此同时，家长的消费观念也在逐步改变，对童装安全性、舒适性的关注程度也在逐渐加大。基于此，童装款式需要不断更新，童装纸样的质量也需要不断提高。

　　本书在《童装纸样设计》第 1 版的基础上对一些内容进行了调整，主要调整内容是童装款式，以更适应童装市场的需要。

　　第 2 版的编著得到了河北科技大学纺织服装学院领导的大力支持，在此向各位领导、使用该书籍并提出宝贵意见的专家和同行及广大消费者表示感谢！

　　由于日常教学工作繁忙，本书编写时间紧迫，所以书中难免出现差错，恳请专家和读者指教。

编著者

2018 年 6 月于石家庄

第 1 版前言

随着人们生活水平的提高，童装消费市场急剧扩大，消费档次也逐步提升。童装市场逐步由数量消费阶段转向品牌消费阶段，但国内部分童装品牌仍然缺乏相应的竞争力，其主要原因是缺乏定期对儿童生理特点与心理特点的研究，设计师与市场缺少沟通。

为了培养童装专业设计人才，改变目前童装款式设计及结构设计的现状，河北科技大学纺织服装学院于 2003 年开设了童装结构设计课程，通过近几年的教学积累了丰富的经验，为本书理论体系的构成奠定了基础。同时我们又广泛地走访企业，从企业得到了许多有价值的资料，为该书的实用性提供了保证。

儿童的年龄范围一般界定为 0～15 周岁，但 12 周岁以上的儿童体型逐渐接近于成年人，其纸样设计和成年人的没有本质区别，因此本书的研究对象为 0～12 周岁的儿童。

本书的主要特点是用 CorelDRAW 12 软件按 1∶5 的比例进行绘图，以图文并茂的方式详细分析了婴幼儿的生理、心理特点和体态特征，从量体开始，介绍了婴儿装纸样设计的原理及方法，1～12 周岁儿童的上衣、裙装、裤装的纸样设计原理及方法。本书详细阐述了童装纸样的设计原理、变化规律、设计技巧和绘制过程，形成了较系统的童装纸样设计理论基础，同时又注意理论与实践的有机结合。

本书在编写过程中得到了河北科技大学纺织服装学院各位领导和同事的大力支持和帮助，在此表示衷心的感谢！

由于日常教学工作繁忙，本书编写时间紧迫，所以书中难免有差错，恳请专家和读者指教。

编 者

2007 年 12 月于石家庄

目录

第一章　概述

我国现代家庭基本特征为一对夫妻一个孩子,由于这样家庭的构成及中国人的传统心理,家长容易溺爱孩子。据国家信息中心调查,自 1998 年以来,我国家庭用于孩子消费支出高达家庭支出的 50% ,居首位。支出内容主要有吃、穿、玩和教育四项,其中穿着占较大比重。

目前中国是世界上拥有儿童人数最多的国家。2011 年 11 月,中国各地全面实施双独二孩政策;2013 年 12 月,中国实施单独二孩政策;2015 年 10 月,中国共产党第十八届中央委员会第五次全体会议公报指出:坚持计划生育基本国策,积极开展应对人口老龄化行动,实施全面二孩政策。随着二孩政策的全面开放,儿童用品市场也开始了新的发展,童装市场是我国最有增长潜力的市场之一。

与成人类服装相比,我国童装行业起步较晚。随着家庭消费习惯的改变,国内专业童装起步于 20 世纪 90 年代中期,目前仍处于快速发展的成长期,通过对近几年多家重点零售企业服装各细分行业的零售额同比增速的分析,童装行业的增速均领先于其他子行业。

景气度高、处于快速成长期的童装行业吸引了众多服装企业的目光。除了专业童装品牌接二连三地涌现,运动体育品牌、快时尚品牌、休闲服饰品牌以及其他成人装品牌也纷纷进军儿童市场,加剧了行业竞争,形成了目前国内外多品牌竞争的局面,极大地促进了童装业的发展。

第一节　童装设计概述

童装是以儿童时期各年龄段孩子为穿着对象的服装总称,包括婴儿、幼儿、学龄儿童、少年儿童等各年龄阶段人的着装。

从世界范围来看,童装设计的确立是在 18 世纪末期。在此前很长一段时期内,儿童穿着像是微型的成人,从文艺复兴时期以后的服装可以看出,当时儿童穿着与成人的款式一样,都是低领的衣服、裙撑和马裤。19 世纪末期,童装开始有别于成人服装,其设计体现了与儿童发育相适应的功能性,如活动性增强、易于穿脱等。但在很长一段时期内,童装仍以实用性为主,如衣服做得偏大一些,以适应儿童的成长;缝制得很结实,可以传给年龄小的儿童穿着。童装真正开始商业生产和销售是在第一次世界大战之后。

近年来,人们对童装的认识已经发生了很大变化。发达国家的服装企业普遍将儿童看成服装市场中的特殊群体,他们在童装设计方面非常重视"寓教于礼"的设计观,因为人大约 50% 的学习能力是在 0~4 周岁的婴幼儿期形成的,约 30% 的学习能力在 4~8 周岁形成,剩下约 20% 的学习能力将在 8~17 周岁完成。发达国家品牌童装价格中 80% 是附加值,那么如何运用穿着帮助儿童提升学习能力的设计正是创造这些附加价值的方法。所以在国际惯例上,要了解某个国家服装业的品牌设计能力和科技水准,首先应去看这个国家的品牌童装市场。这也意味着未来童装业的竞争就是设计能力和科技水准的竞争。

在我国,童装设计已不再是一个被人忽视的设计领域。从中国服饰发展史来看,我国童装业起步较晚,观念较落后。长期以来,对童装缺乏科学认识,童装的季节性不强,时代感较弱,同时存在忽视儿童服饰研究的状况,设计师与市场之间缺少沟通,信息不畅。国内童装设计水平与国外差距较大,在设计上存在一些误区,如色彩暗淡,不合儿童口味;款式单调、陈旧,缺少童趣;面料选择不合理;装饰过于烦琐、花哨,失去童真;服装号码与个体身材差异大,且规格不全,尺码断档严重等。业内专家指出,中国童装业的焦点,在于重新建立“品牌童装设计观”,在把握款式、结构和花色等外观设计的同时,更要遵循儿童心理特征,满足儿童的生理需求。

因此,在进行童装设计时应对儿童生理、心理、文化背景、生活习惯、身体状况、颜色喜好等进行全方位研究,同时了解父母的心理,用亲人般的感情去设计、塑造和美化儿童,让服装成为帮助儿童成长发育的保健品和培养儿童良好生活习惯的伙伴,使孩子们获得美的享受,感到美的陶冶。

一、童装造型设计

各年龄段儿童的生理特征和心理特征不同,服装应选用不同的款式造型。

1 周岁以内的儿童称作婴儿。婴儿服装造型简单,以方便舒适为主,需要增加适当的放松量,以适应孩子较快的成长。由于婴儿骨骼柔软、皮肤娇嫩、睡眠时间长,因此服装应尽量减少缉缝线,不宜设计腰节线和育克,也不宜使用橡筋,以保证服装的平整光滑。婴儿颈部短,以无领和领腰较低的领型为宜。为了保暖,婴儿装应采用有袖设计,在袖型设计上,月龄较小的婴儿装多采用中式连肩袖和插肩袖袖型,以适应婴儿最初几个月的“大字形”体位,较大婴儿装可采用装袖设计,袖长不宜太长,袖口应宽松。婴儿装不宜采用套头设计,应采用开合门襟设计,由于我国婴儿基本采用仰卧姿势,因此开合门襟应在前胸、肩部或侧边。月龄较小的婴儿装采用扁平的带子扣系,较大婴儿装也不宜采用金属纽扣及拉链,应采用对婴儿没有伤害的质薄体轻的非金属扣系材料。为了便于进行尿布更换等清洁工作,婴儿裤装应采用开裆或裆部灵活扣系的形式。

1~5 周岁的儿童,称作幼儿。幼儿服设计应注重整体造型,少用腰线,轮廓以方形、长方形和 A 字形为宜。因其胸腹部凸出,为使前下摆不上翘,上衣设计可以在肩部或前胸设计育克或采用剪切和多褶裥处理;裙长不宜太长,膝盖以上的长度可给人下肢增长的感觉。幼儿服另一种常用造型结构是连衣裤、连衣裙、背带裤、背带裙和背心裤、背心裙,这种结构有利于防止裤子下滑和便于儿童运动,增加穿着的舒适性,但应注意穿脱方便。幼儿服的结构应考虑实用功能,培养儿童自主性,开口应在前面,并随着年龄的不同,使用扣系形式从部分开合过渡到全开合;幼儿的颈短,领子应平坦而光滑,不宜在领口设计烦琐的领型和装饰复杂的花边,不宜设计领腰较高的领子。幼儿对口袋特别喜爱,口袋设计以贴袋为宜,形状可设计成花、叶、动物、水果、文字等仿生形图案,这样可以很好地适应儿童的心理特征和烘托儿童天真活泼的可爱形象。

学童期指 6 ~ 15 周岁的儿童。此年龄段童装设计需考虑学校集体生活的需要,要适应课堂和课外活动,款式设计不宜过于烦琐、华丽,一般采用组合形式的服装,以上衣、罩衫、背心、裙子、长裤等组合搭配为宜。6 ~ 15 周岁的儿童,体型已逐渐发育完善,尤其是女孩,腰线、肩线和臀围线已明显可辨,身材也日渐苗条。女学童的服装可以是高腰、中腰、低腰,造型可以是梯形、长方形、X 形等近似成人的轮廓造型。年龄较小的儿童生长发育较快,宽松的没有清晰肩宽的插肩袖非常适合他们,但为使儿童整体效果显得端庄,这个年龄段的童装多采用装袖结构,袖的造型有泡泡袖、衬衫袖和荷叶边袖等。男学童在心理上希望自己具有男子汉气概,日常运动和游戏的范围也越来越广,因此男学童的服装通常由 T 恤衫、衬衣、长裤、短裤组合而成,春秋季有夹克衫、毛衣、外套等,冬季可穿棉夹克,衬衫、长裤与成人款式基本相同,采用前开门开合。外套以插肩袖、装袖为主,袖窿应较宽松,便于日常运动。款式设计应简单、大方,不宜加上过多的装饰。在该年龄段校服设计中,应具有一定的标志性和运动机能性,设计款式应具有可调节性和组合性。

二、童装色彩设计

(一) 童装色彩设计的影响因素

1. 童装流行色与地域时尚的联系

很多国家皆有完善的童装流行色的研究与发布,所发布的流行色,不仅符合全球童装色彩流行趋势,而且突出不同地域童装色彩的差异与特色。研究童装色彩流行趋势,可以指导消费市场。

2. 童装色彩和儿童心理与生理特性的联系

服装色彩潜移默化地影响着儿童身心。儿童专家研究发现,0 ~ 2 周岁的婴幼儿视觉神经尚未发育完全,色彩心理不健全,在此阶段不可用大红大绿等刺激性强的色彩去伤害视觉神经,同时婴幼儿的皮肤娇嫩,浅淡色可避免染料对皮肤的伤害,因此对 0 ~ 2 周岁的婴幼儿,颜色以白色为主,按照性别和衣服种类稍做区别,如浅蓝、浅粉、奶黄色等。2 ~ 3 周岁的儿童视觉神经发育到可辨识颜色,善于捕捉和凝视鲜亮的色彩。4 ~ 5 周岁儿童智力增长较快,可以认识四种以上的颜色,能从浑浊暗色中判别明度较大的色彩,因此幼儿服常采用鲜亮而活泼的对比色、三原色,给人以明朗、醒目和轻松感。此外,以色块进行镶拼、间隔,也能达到活泼可爱、色彩丰富的效果。6 ~ 12 周岁是培养儿童德、智、体全面发展的关键时期,童装色彩的使用会直接影响到儿童的心理素质。专家通过观察试验发现,从小穿灰暗色调服装的女童,易产生懦弱、羞怯、不合群的心态,若换上橘黄或桃红色的鲜亮服装会改善女童孤僻、无靠的心理状态。经常穿紧身的深暗色服装的男童易不安,并可能伴有破坏癖,若换穿黄色与绿色系列的温和色调的宽松服装,男童的心态可转变,趋向乖顺和听话。此外,在特定环境中童装色彩还起到呵护儿童的作用,如孩子的雨衣要使用醒目的鲜亮色彩,以便在灰蒙蒙的雨天里避免交通事故。经常在夜间外出活动的儿童,其着装色彩应加反光材料和荧光物质,易引起行人和车辆重视与警觉。12 周岁以上的中学生,日常着装应降低色彩的彩度和纯度。

(二)童装色彩的搭配

色彩设计是构成服装形式美的基本要素之一,同时也是设计三要素中视觉反应最快的一种要素,在童装设计中扮演着重要的角色。童装色彩的搭配根据色系可以分为以下三种。

1. 同种色的组合设计

同种色的色彩组合是最简单的一种色彩搭配,指相同色系颜色之间的搭配。该设计中色彩变化不大,突出的是色彩的一致性,但容易使人感觉单一,动感不强,应注意两种颜色的明暗度层次。运用时可以选择不同质感的面料,营造出变换的风格,从而使童装活泼、可爱(图1-1)。

2. 邻近色的组合设计

邻近色指在色相环上90°以内的颜色。邻近色的搭配略有色彩变化,如红和橙,蓝和绿。邻近色组合设计较容易形成统一谐调的色调,但要注意色彩的明度和纯度应相互衬托。如果在设计上属于图案的色彩搭配,可以选择明暗对比度强的颜色,这样的搭配使服装更生动,视觉效果跳跃性更强(图1-2)。

图1-1　同种色在童装设计中的运用

图1-2　领近色在童装设计中的应用

3. 对比色的组合设计

对比色也称补色,是色相环上两极相对的颜色,如红和蓝、绿,黄与紫、蓝。应用时应注意面积的大小,两种颜色的面积比例在1:1时,对比效果是最强烈的,减少比例,效果则减弱。使用时还应注意对比色之间的形状、位置和聚散关系,在两种颜色的对比关系中,改变其色彩形状就会达到不同的效果。对比色的设计可以用于有关儿童安全活动的服装,如在设计儿童泳衣时,可以采用色彩对比明显的面料花色,使孩子在游泳时能引起别人的注意,保证其安全(图1-3)。

图1-3　对比色在童装
设计中的应用

三、童装装饰设计

服装装饰是一门综合性的艺术,是体现材料、颜色、款式、工艺等多种因素协调之美的一门艺术。在日常生活中,各种各样装饰手法在服装上起到画龙点睛的作用,能为服装增辉添色。

装饰在童装中应用广泛,主要分为图案装饰、装饰物装饰和技法装饰等。在童装设计中,综合运用这几种装饰方法,不仅能增加童装的功能,而且能增强童装的形式美感,增添童装的童趣和内涵。

(一)图案在童装设计中的应用

图案装饰是童装最为敏感的装饰内容,能最大限度地吸引儿童的注意力,是儿童关注的焦点。儿童的想象力非常丰富,图案正是可以使他们的想象力得到充分发挥的一种表现形式。童装中图案的内容要积极向上,反映当代儿童的喜好,并且贴近生活,要体现他们熟悉的内容,开拓他们的视野,从而提高儿童着装的兴趣。

当今儿童接受新鲜事物的途径很多,做事有主见,服装装饰图案的设计应从多个角度进行,不仅包括卡通形象,还应包含天文地理、自然科学、艺术文化等多方面的内容。

不同年龄段儿童对事物的认知能力不同,因此图案装饰的内容也各不相同。婴幼儿处在学习语言和认识事物的最初阶段,所接触的事物对其起到引导作用。服装作为重要的生活组成部分十分重要。婴幼儿服装应运用较简单的图案,如字母、水果等较易识别、容易记住的东西,帮助儿童学习和认知。西方国家的父母喜欢让儿童穿着有各种卡通动物、水果娃娃,或带寓言意境图案的服饰,不仅使服装变得情趣盎然,也有利于从视觉上刺激儿童的联想力,还能自我训练语言能力、健全思维、促进智力发育。图1-4设计中,运用图案对婴幼儿服装进行装饰,图案形象易懂,有助于儿童认识和记忆。

图1-4　简单图案在童装上的装饰

对于较大的儿童,可以根据他们的喜好来装饰,例如:对于小学生,可以观察他们平时看得多的电视节目和谈论的话题,装饰中采用出现较多的卡通明星。但应注意,在使用卡通明星装饰时,最好选用正面的、积极的卡通形象,增强儿童的正义感。通常儿童在穿着带有卡通明星的服装时,从心理上会树立自己的榜样,自然地会将自己假比成卡通明星,从而带动孩子持有积极、正确的人生观、价值观,引导孩子向正确的方向发展。童装图案装饰不仅要体现儿童的爱

图 1 – 5　卡通明星图案在
童装上的装饰

好,同时也要将传统的手工艺技法与现代的技术相结合,找到平衡点,加以抽象,增强儿童的想象力,提高其审美能力,使童装中的图案设计更有内涵。图 1 – 5 是一件带有蜘蛛侠图案的卡通服装。蜘蛛侠是儿童喜爱和崇拜的人物,在服装设计中加入这样的图案,符合儿童心理,可以大大提高其着装兴趣。

在进行童装设计时,装饰图案的位置也是重点考虑内容。装饰图案是童装的视觉中心,一般应用在领口、前胸、后背、下摆、膝盖等处,而在肩部、口袋、臀部、腰部等处进行装饰,可使服装更活泼、更俏皮。在应用图案装饰时,装饰部位不应太多,一般选一两处进行呼应设计,否则会给人凌乱的感觉(图 1 – 6)。

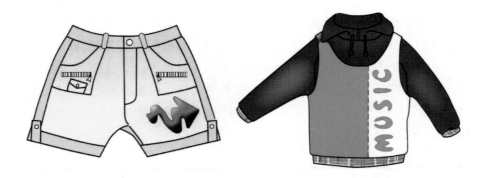

图 1 – 6　图案在不同位置的装饰

(二)装饰物在童装设计中的应用

利用装饰物进行装饰是童装设计中一个非常重要的方面,在不同年龄段儿童服装设计中起到了重要作用。装饰物装饰包含多个方面,如花边装饰、口袋装饰、纽扣装饰、拉链装饰等。

1. 花边装饰

花边是女童服装中较常见的装饰物,主要应用在幼童和学龄儿童的服装中,常用于女童的衬衣、连衣裙、短裙及 T 恤衫等(图 1 – 7)。花边可分为荷叶边和镂空蕾丝花边等。荷叶边通过面料曲折变化带来动感立体的装饰效果,在应用中可以使用与服装相同的面料制作,也可以采用不同于服装本身的面料,可以运用多重色彩或不同质感的面料制作多层荷叶边,表现出层层叠叠的古典造型。镂空蕾丝花边一般是由化纤面料制成,多用于年龄较大的儿童服装,在较小儿童服装使用中应不直接接触皮肤。蕾丝花边可以直接拼接在女童装的下摆、领口、袖口等处,也可以在服装的分割线上使用。花边在童装中的装饰应简单,不要过于复杂,否则会影响儿童的活动,使其在活动中容易挂到物件,威胁其安全。

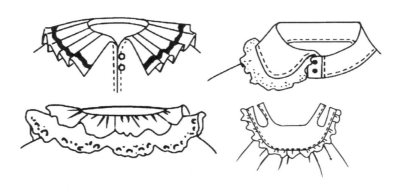

图 1 － 7　童装中的局部花边装饰

2. 口袋装饰

口袋在童装中的应用不容忽视,它是装饰性和实用性合为一体的装饰物。与其他局部结构相同,口袋一方面用来盛装随身携带的小物件,体现其实用功能;另一方面对于不同款式造型的服装起到装饰和点缀作用。口袋装饰主要应用在较大的婴儿装、幼童装和学童装中。

口袋的种类很多,一般根据其结构特点可以分为贴袋、挖袋和插袋三种。由于贴袋的工艺简单,造型变化多样,所以装饰范围较广,在童装中的应用也比较广泛,既可用于儿童的上衣,也可用于儿童的休闲裤。在幼童服装中可以把贴袋设计成各种仿生形图案,如水果、小动物、小船、小篮子等,能更好地适应儿童的心理特征并烘托出儿童天真活泼的可爱形象(图 1 － 8)。挖袋和插袋的应用也很广,在裤装上基本都可以见到这两种口袋。童装上多种类型的口袋一起应用也很常见,这样的设计使得童装更休闲、更时尚(图 1 － 9)。

图 1 － 8　幼童仿生口袋　　　　　　　　　　图 1 － 9　童裤口袋装饰

童装中应用口袋装饰时,应考虑不同年龄儿童的生活习惯和生理特点,例如 1 周岁以下的婴儿服装最好不要使用口袋,因为这个年龄的儿童生活还不能独立,而且睡眠时间较多,服装需要较高的舒适度,而口袋在服装装饰时会造成面料的叠加,增加服装部分区域的厚度,使婴儿感到不适。所以口袋在童装中的装饰最好用于年龄较大的孩子。

口袋的种类很多,形态又富于变化,因此在进行口袋设计时,需注意局部与整体在大小、比

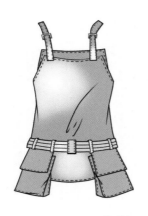

图1-10 立体口袋装饰

例、形状、位置及风格、款式和色彩上的协调统一。图1-10是口袋在女童裙中的装饰设计,立体的裁剪工艺,颜色明快,给人清新自然的感觉。

3. 纽扣装饰

服装造型中,纽扣用于扣系衣服,虽然体积小,但功能却不小,是服装造型必不可少的一部分。同时它又是一种十分方便的装饰物,在童装中的装饰尤为重要。

纽扣种类很多,形状多样,但以圆形为主(还有球形、方形、半球形等)。根据所使用的材料,纽扣大体上可以分为:金属扣、塑料扣、木扣、骨扣、石扣、贝壳扣、布扣等。

儿童在成长的各个阶段,纽扣装饰的内容有所不同。幼童服装可以把纽扣设计在肩侧部,既方便穿脱,又使得孩子在睡觉或被抱起时不被纽扣伤害。根据孩子不同阶段自理能力的不同,纽扣的数量也不同,孩子刚开始学习穿脱衣服时,可以只在衣服中加入一颗纽扣,随着年龄的增长,逐渐增加纽扣的数量。

纽扣可以在材料与色彩上起到调节服装整体配置关系的作用,增强服装的统一协调性,起到画龙点睛的作用。金属扣是较大儿童服装中常用的纽扣之一(图1-11)。由于金属的耐磨性、牢固性较好,所以一般多用于经常穿脱的服装,如外套、牛仔服、风衣、外裤等。在设计上,运用其金属光泽和质感与面料搭配可以产生不同的效果。由于金属纽扣在一定程度上会影响服装的舒适度,所以一般不应用于婴幼儿服装。

塑料扣是现在服装中常见的一种辅料,由于塑料扣色彩丰富,花样繁多,能适合各种风格和材料的服装,所以应用比较广泛,在童装装饰中也是应用最多的一种纽扣。应用不同颜色和图案的纽扣对童装进行装饰,效果别具一格(图1-12)。

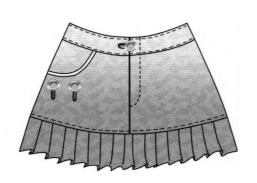

图1-11 金属纽扣装饰

图1-12 塑料纽扣装饰

4. 拉链装饰

拉链属于扣系材料,在童装中作用与纽扣相似,既具有一定的功能性,又具有装饰性。拉链根据构成材料的不同可分为金属拉链、塑料拉链和尼龙拉链三种。

　　童装设计中选用拉链时,应注意拉链的质感、颜色和服装面料的协调一致。金属拉链一般用于面料较厚的服装,如牛仔服、防寒服等;塑料拉链多用于外衣、外裤、风衣、运动衣等;尼龙拉链则多用于女童的连衣裙、半身裙、轻薄上衣等。选用拉链时,应考虑其功能性和儿童穿着的方便性,如婴幼儿不宜采用金属拉链和背部拉链的形式,人体活动的关节部位应尽量避免使用拉链等。图 1 - 13 的设计是在薄牛仔面料中采用塑料拉链,由于金属拉链会划伤儿童,所以采用塑料拉链,颜色仿制金属拉链,既保证款式与颜色相协调,在一定程度上也增强了服装的安全性。

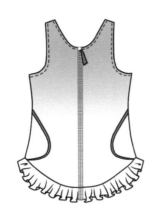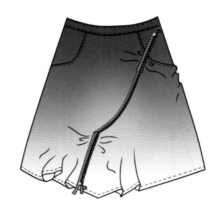

图 1 - 13　拉链装饰

5. 其他物件的装饰

　　在童装装饰物设计中,除了上述几种装饰,还有一些附件装饰,如襻带、绳带等。襻带一般用在服装的肩部、腰部、下摆、袖口和领口等部位,因部位的不同,选择的材料和造型也不同。在童装中,腰襻常应用在夹克、风衣等品种中,起到收紧下摆的作用,方便儿童的活动。袖口加襻也是童装中常见的一种,收紧袖口便于儿童活动,也起到一定的装饰效果。绳带的运用很多,有宽窄、粗细之分,装饰部位也很多,如腰部、颈部、前胸、后背、下摆等,在童装中是应用十分广泛的一种装饰物。

（三）装饰技法在童装设计中的应用

　　服装装饰技法指在织物上进行后期加工制作的技巧和方法,是服饰学的一个重要组成部分,总体上遵循服饰美学的构成原则,但在艺术与形式具体表现上又有自身的独特规律与个性。不同的装饰技法,有其独特的技艺特点,刺绣、钩编、印花、烫贴、造花、线迹装饰等都有各自的艺术规律与表现形式,使服饰总体美感得到更完美的体现。

1. 刺绣

　　刺绣工艺是一种用绣针穿引丝、棉、毛、化纤等不同材质的线,在丝绸、布帛、皮革等材料上用绣针往复穿刺,引导绣线在材料上留下线迹,以线迹的细密排列组成栩栩如生的画面或绚丽多彩的装饰图案的特殊工艺形式。刺绣包括手工刺绣和电脑机绣。

手工刺绣是一种传统的装饰手法,在中华民族悠久的历史中留下了深刻的烙印,它已伴随人类社会的发展,历经数千年的辉煌。在这个过程中,刺绣无论在图案造型、色彩搭配还是针法技艺上都形成了完整独特的艺术形式。手工刺绣既有在实用基础上装饰美化生活、满足人们实用需要的一面,又有供人们欣赏、品味其艺术价值、满足人们精神需要的一面。而古老的刺绣文化将传统与现代时尚结合,将当代审美形式表现在童装中,既弘扬了中国传统的民间手工艺术,也使儿童在服装中了解到我国悠久的文化历史,同时丰富了童装的造型,增添了童装的童趣和内涵。手工刺绣在童装中的应用有各种不同的表现形式,如普通刺绣、十字绣、贴花补绣、彩珠镶绣等。

电脑机绣是用机器代替手工刺绣的一种方法,与手工刺绣相比优点在于:产品标准化程度高,工作效率高,减轻了工人的劳动强度,减少了人力资源的浪费;缺点在于:针法相对较单一,缺少自然美感,外观较呆板。随着现代纺织服装业的发展,专业电脑绣花机也进行了多方面的功能性的改进,能够加工生产出效果各异的仿手绣的针迹效果。

图1-14　刺绣卡通图案的童装装饰设计

由于刺绣只是在服装中起点缀作用,所以一般使用图案面幅不大,用色不多,花纹简单生动。而在运用刺绣工艺进行装饰时,选用不同的面料进行刺绣,效果也各不相同,例如将刺绣运用于牛仔面料中,将刺绣的精细融入牛仔的豪放洒脱,使童装整体效果突显不同。同时也要注意刺绣的面积不宜过大,最好只在局部刺绣,从而保证童装穿着的舒适性。幼儿服常采用刺绣方法进行装饰,如普通彩绣、贴布绣等,彩绣多装饰在口袋、领、前胸等部位,贴布绣可用在局部和整件服装上。刺绣图案可取材于各种可爱的小动物,色彩以柔和、淡雅为好(图1-14)。学生服中多用学校的校名、徽标等具有标志性的图案进行装饰,图案精巧、简洁,多装饰在胸袋、领角、袖克夫等明显的部位,具有较强的现代装饰情趣。

2. 钩编

钩编工艺指通过手工技术使纱线形成线圈,进而形成一定的花型、花样的工艺形式。因为手工针织面料的透气性、吸湿性好,同时可以自由调节尺寸,还可以减少服装的接缝,因此,儿童穿着起来更舒适。

钩编技法在童装中可以大面积使用,也可以局部使用,例如只在领口、袖口、衣下摆等处进行钩编处理,形成变化的效果(图1-15)。

3. 印花

印花指用色浆或涂料将设计好的花型印在面料上的一种图案制作方法,是常用的一种服装装饰手法。印花工艺工序简单,色彩丰富,变化多样,图纹细致,表现力很强。卡通动物、人物、植物、文字等图案是童装中最常见的印花装饰,已成为童装中鲜明的标志,卡通印花图案的应用使得童装更鲜活,更具童趣(图1-16)。

图 1－15　钩编工艺在童装中的应用

图 1－16　带有卡通印花图案的童装 T 恤

4. 烫贴

烫贴指用一种发泡材料制作的花型图案,采用较高的温度和压力,压烫在服装所需的部位进行装饰的一种方法。烫贴是儿童非常喜欢的一种装饰技法,可应用在儿童春夏各种服装中。其工艺简单方便,易于操作,图案多样,色彩鲜艳,应用部位较灵活,可进行中心装饰,也可进行边缘装饰,多用于童装局部装饰。在童装中可以把握不同年龄段儿童的心理,巧妙地运用各种卡通图案吸引他们的注意(图 1－17)。

图 1－17　烫贴图案在童装中的装饰

5. 造花

造花指用各种材料制作具有立体感的装饰物。常见有用不同的面料制作出花饰、蝴蝶结等。这样的装饰具有较强的立体感、层次感,在女童服装中较常见(图 1－18)。

6. 线迹

线迹装饰指用不同颜色或不同形状的缝线对服装进行装饰的工艺形式。线迹形式多种多样,大体

图 1－18　造花在女童裙中的设计

上可以分为直线线迹和花型线迹。直线线迹的装饰较常见,有单明线、双明线和多条明线等,装饰效果韵律感较强(图1－19)。花型线迹装饰效果较活泼,在童装上有更广泛的应用。线迹一般装饰在门襟、袖口、衣边、领口及分割线等部位。可采用车缝线迹装饰,也可采用手缝线迹装饰。图1－20是用毛线在针织服装的领口、衣摆边缘和身袖分割线等部位采用手工较大针距进行的装饰。

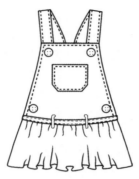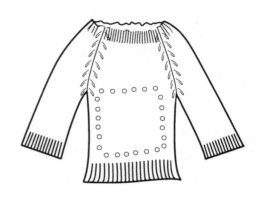

图1－19　车缝明线线迹在童装中的装饰设计　　　　图1－20　手工线迹在童装中的装饰

线迹装饰在牛仔面料上有较广泛的运用,因为考虑服装的各种构成元素时,功能性是设计儿童牛仔装的首要条件,所以牛仔装设计以宽松、便于活动为主要前提,在装饰上也应尽量避免铜铁铆钉的装饰,而是以分割线配以各种线迹为主要装饰,这样的装饰显得活泼而有情趣。如在黑色牛仔面料上运用白色、红色、黄色的线迹,使颜色形成鲜明对比。也可以用与面料材质和色彩差异较大的线进行有规律的车缝,形成类似海浪、云纹等的线迹。装饰线在服装上的应用有助于体现服装特有的情趣。它可以不考虑服装的内在结构,只是在服装的表面,依据线条本身赋予服装一种美感和视觉上的效果。

四、童装面料设计

服装的造型与色彩都依赖于面料,不同的服装对面料的外观和性能有不同的要求。只有充分考虑儿童的生理特点,了解和掌握面料的特性,才能设计出有利于儿童健康的服装款式。

(一)童装面料的选用

考虑儿童的生理特点,童装面料选用应以功能性为主。

婴儿皮肤表面湿度高,新陈代谢旺盛,易出汗,肌肤柔嫩,对外部的刺激十分敏感,易发生湿疹、斑疹。因此,婴儿服应选择轻柔、富有弹性、容易吸水、保暖性强、透气性好、不易起静电且耐洗涤的天然纤维面料。粗糙的衣料、过硬的边缝和过粗的线迹,都易擦伤皮肤,尤其是颈部、腋窝、腹股沟等部位易出汗潮湿,会因衣服粗糙或僵硬而发生局部充血和溃烂。另外,婴儿经常吸吮服装,因此,面料应具有良好的染色牢度。

幼儿服夏季应选用透气性好、吸湿性强的面料,使幼儿穿着凉爽。秋冬季宜用保暖性好、耐洗耐穿的较厚面料。

学生服的面料以棉织物为主,要求质轻、结实、耐洗、不褪色、缩水性小。

(二)童装常用面料的性能与用途

童装常用面料有机织物和针织物两种。

1.机织物

机织物指以经纬两系统的纱线在织机上按一定的规律相互交织而成的织物。机织物的主要特点是布面有经向和纬向之分。主要优点是结构稳定,布面平整,悬垂时一般不出现弛垂现象,适合于各种裁剪方法。常用的童装机织面料根据纤维原料的不同有如下几种。

(1)棉织物

棉织物吸湿性好,手感柔软,触感好,光泽柔和,富有自然美感,坚牢耐用,因此被广泛应用于儿童服装中。童装面料常用的棉织物种类有:

平纹织物——表面平整、光洁,有着细腻、朴素、单纯的织物风格。多用于儿童衬衫、罩衫、裙装、睡衣等品种。儿童服装中常使用细平布和中平布。

泡泡纱——一种具有特殊外观的平纹织物,表面的凹凸效果可由织造时两种不同张力经纱在织物表面形成泡泡或有规律的条状皱纹,也可在印染加工中利用棉织物遇烧碱急剧收缩的特性,按需要的凹凸部分加工成各种花式纹样的泡泡纱。泡泡纱有着布身轻薄、凉爽舒适、淳朴可爱的风格特点,适用于儿童衬衫、罩衫、连衣裙、塔形裙、睡衣裤等品种。

绒类织物——童装中多使用绒布和灯芯绒。绒布属拉绒棉布的一种,是将平纹或斜纹棉布经单面或双面起绒加工而成的产品。其主要特征是触感柔软,保暖性好,色泽柔和,穿着舒适。多用于婴幼儿衬衫、罩衫、爬装和儿童连衣裙、睡衣裤等品种。灯芯绒是纬起毛棉织物,是由一组经纱和两组纬纱交织而成,地纬与经纱交织形成固结毛绒,毛纬与经纱交织割绒后绒毛覆盖表面,经整理形成各种粗细不同的绒条。其主要特征是手感柔软,绒条圆直,纹路清晰,绒毛丰满,质地坚牢耐磨。多用于儿童大衣、外套、夹克衫、休闲服、裤子、裙子等品种。

斜纹织物——包括斜纹布、劳动布、卡其、华达呢等。该类织物表面有斜向的纹理,布身紧密厚实,手感硬挺,粗犷而独特。作为牛仔服及其他休闲服的面料用于童装,经久不衰。

(2)麻织物

麻织物是用麻纤维纺织加工而成的织物,主要原料有苎麻和亚麻。麻织物的特点是:吸湿好、放湿快、透气性好、硬挺、耐腐蚀、不易霉烂和虫蛀,夏季穿着凉爽舒适。麻织物较其他天然纤维织物硬挺,因此一般不用作婴儿装面料,而用于较大儿童的服装。服用麻织物主要有两类:

苎麻织物——主要包括夏布、纯苎麻布和涤麻布。夏布的特点是:强度高,布面较平整,质地坚牢,吸湿散湿快,易洗快干,透气散热性好,爽滑透凉。主要用作夏季儿童服装。纯苎麻布的特点是:织物细洁紧密,布面匀净光洁,手感挺爽,质地坚牢,散热散湿,穿着凉爽舒适,且抗虫蛀。质量好于夏布,也主要用作夏季儿童服装。涤麻布的特点是:织物平挺坚牢,手感挺爽,弹性好,透气散热,穿着舒适,易洗快干,抗虫蛀。主要用作夏季儿童衬衫、连衣裙等。

亚麻织物——主要包括亚麻布、棉麻漂白布和涤麻呢。亚麻布的特点是:织物伸缩少、平挺透凉,吸湿性好,散湿散热,穿着舒适,易洗快干。棉麻漂白布的特点是:织物平挺光洁,吸湿散热,爽滑透凉,舒适耐用。亚麻布和棉麻漂白布均多用作儿童夏季衬衫、短裤等。涤麻呢的特点是:织物表面粗细不匀,风格粗犷,有毛型感,挺括耐皱,吸湿、散热、透气,穿着挺爽,易洗快干。主要用作春、秋季儿童服装,如较大儿童西装、大衣等。

(3)丝织物

丝织物是由桑蚕丝或柞蚕丝纺织而成的织物。丝织物有良好的服用性能,主要特点是:吸湿、透气、柔软滑爽、色泽鲜艳,非常适合于童装,但较高的价格限制了其在童装中的应用。童装用丝织物主要有以下几种:

雪纺绸——布面光滑、透气、轻薄,可用作儿童衬衣、连衣裙和睡衣裙等。

双绉——织物表面具有隐约细皱纹,质地轻柔,平整光亮,可用作儿童衬衣、连衣裙等。

塔夫绸——质地紧密,绸面细洁光滑、平挺美观,光泽柔和自然,适用于儿童节日礼服、演出服等。

(4)毛织物

毛织物是以天然羊毛为主要原料,经粗梳或精梳毛纺系统加工而成的织物。其主要特点是:保暖性好,吸湿透气性好,弹性好,手感丰满,光泽柔和自然,抗褶皱性好于棉、麻和丝织物,但易缩水、易虫蛀。应用于童装的毛织物主要有精纺毛织物、粗纺毛织物和长毛绒织物。

精纺毛织物——精纺毛织物一般采用60～70支优质细羊毛毛条或混用30%～55%的化纤原料纺成支数较高的精梳毛纱,织成的各种织物。适合于春、夏、秋季的服装制作。精纺毛织物轻薄滑爽、布面光洁,有较好的吸湿、透气性。主要品种有华达呢、哔叽、啥味呢、礼服呢等,可应用于儿童轻薄大衣、套装等。

粗纺毛织物——粗纺毛织物一般使用分级国毛、精梳短毛、部分60～66支毛及30%～40%的化纤为原料纺成支数较低的粗梳毛纱,织成的各种织物。适合于春、秋、冬季的服装制作。粗纺毛织物毛绒丰满厚实,有较好的吸湿性和保暖性。主要品种有麦尔登、法兰绒、制服呢、大衣呢、粗花呢等,可应用于儿童大衣、外套、夹克、套装、套裙、背心裙等的制作。

长毛绒织物——是一种用精梳毛纱及棉纱交织的立绒织物,可作衣面和衣里。衣面长毛绒的绒毛平整挺立,毛丛稠密坚挺,保暖性好,绒面光泽柔和,手感丰满厚实,毛绒高度较低,具有特殊的外观风格。童装中用作服装面料的长毛绒织物主要是混纺材料,价格较低,纯毛织物主要用作帽子和衣领等配饰用品。衣里长毛绒对原料的要求较低,毛绒较长且稀松,手感松软,保暖轻便,多与化纤混纺或纯纺,价格较低廉,在童装上除作衣里外,还可用作大衣、外套等品种。

(5)再生纤维素纤维织物

再生纤维素纤维织物由含天然纤维素的材料经化学加工而成。主要包括人造棉织物、人造丝织物和人造毛织物。

人造棉织物——织物质地均匀细洁,色泽艳丽,手感滑爽,吸湿、透气性好,悬垂性好,穿着舒适。但缩水率较大,保型性差。主要用于夏季儿童衬衫、连衣裙、睡衣裙、裤子等。

人造丝织物——包括人造丝无光纺、美丽绸、羽纱及醋酯人造丝软缎等品种。美丽绸及羽纱主要用作童装里料。人造丝无光纺密度较小,手感柔滑,表面光洁,色泽淡雅,夏季穿着凉爽舒适,适用于儿童衬衫、连衣裙等品种。醋酯人造丝软缎光泽鲜艳,外观酷似真丝绸缎,可制作儿童演出服。

人造毛织物——是毛粘混纺织物,具有与纯毛织物相似的外观风格和基本特点,但手感、挺括度和弹性较毛织物差,可广泛用于儿童大衣和学生服装。

（6）涤纶织物

目前涤纶织物正在向合成纤维天然化方向发展,各种差别化新型涤纶纤维、纯纺和混纺的仿丝、仿毛、仿麻、仿棉、仿麂皮的织物进入市场,在童装上有着广泛的应用。

涤纶仿丝绸织物——品种有涤纶绸、涤纶双绉等,弹性和坚牢度较好,易洗免烫,悬垂飘逸,但吸湿、透气性较差。因其舒适性较差,在童装上的应用较少,可作夏季低档儿童衬衫、连衣裙等。

涤纶仿毛织物——品种主要是精纺仿毛织物,产品强度较高,有一定的毛型感,抗变形能力较好,经特殊处理的织物具有一定的抗静电性能,价格低廉。主要用于较大儿童裤装、外套等。

涤纶仿麻织物——品种较多,一般产品外观较粗犷、手感柔而干爽、性能似纯麻产品,穿着较舒适。薄型仿麻织物广泛应用于夏季衬衫、连衣裙等,中厚型仿麻织物则适于做春秋外套、夹克等。

涤纶仿麂皮织物——以细或超细涤纶纤维为原料,以非织造织物、机织物或针织物为基布,经特殊整理加工而获得的各种性能外观颇似天然麂皮的涤纶绒面织物。其特征是质轻、手感柔软、悬垂性及透气性较好、绒面细腻、坚牢耐用,适于制作儿童风衣、夹克、外套、礼服等产品。

（7）锦纶织物

锦纶织物的耐磨性居各种织物之首,吸湿性好于其他合成纤维织物,弹性及弹性回复性较好,质量较轻,主要用作童装的罩衫、礼服、内衣、滑雪衫、风雨衣、羽绒服和袜子等。

（8）腈纶织物

腈纶织物有“合成羊毛”之称,产品挺括、抗皱、质轻、保暖性较好、耐光性好、色泽艳丽、弹性和蓬松度极好,防蛀、防油、耐药品性好,但吸湿性较差,易起静电。主要用作童装中的礼服、内衣裤、毛衣、外套、大衣等。

（9）氨纶弹力织物

氨纶弹力织物指含有氨纶纤维的织物,由于氨纶具有很高的弹性,其织物弹性因混有氨纶纤维比例的不同而异。主要产品有弹力棉织物、弹力麻织物、弹力丝织物和弹力毛织物。其优点是:质轻、手感平滑、吸湿透气性较好、抗皱性好、弹力极好。可用作儿童的练功服、体操服、运动服、泳衣、内衣等。

（10）丙纶织物

作为服装面料,丙纶混纺织物较常见。丙纶主要与其他纤维混纺成棉/丙布、棉/丙麻纱、棉/丙华达呢等。丙纶混纺织物的特点是:质量较轻,外观平整,耐磨性较好,尺寸稳定,缩水率较低,易洗快干,价格便宜,但耐热性、耐光性较差,高温下易收缩变硬。适于做中低档儿童衬衫、外套、大衣等。

2. 针织物

针织物指用一根或一组纱线为原料,以纬编机或经编机加工形成线圈,再把线圈相互穿套而成的织物。针织物质地松软,有较大的延伸性、弹性及良好的抗皱性和透气性,穿脱方便,不易变形。在童装上应用的针织物品种繁多,有针织棉织物、针织毛织物和各种混纺针织物,按其结构特征划分为:

(1)纬平针组织

纬平针组织是由连续的单元线圈单向相互穿套而成。织物结构简单,表面平整,纵横向有较好的延伸性,但易脱散,易卷边。常用于夏季童装的背心、短裤、连衣裙、针织衬衫、T恤衫和秋冬季毛衣。

(2)纬编罗纹组织

纬编罗纹组织横向具有较大的弹性和延伸性,顺编织方向不脱散、不卷边,常用于儿童弹力衫和T恤衫等款式中。

(3)双反面组织

双反面组织是由正面线圈横列和反面线圈横列,以一定的组合相互交替配置而成。该组织的织物较厚实,具有纵横向弹性和延伸性相近的特点,上、下边不卷边,但易脱散,常用于婴儿装、袜子、防抓手套、婴儿帽等款式中。

(4)编链组织

每根经纱始终在同一织针上垫纱成圈的组织。其性能是纵向延伸性小,因此一般用它与其他组织复合织成针织物,可以限制纵向延伸性和提高尺寸稳定性,常用于外衣和衬衫类款式中。

(5)经平组织

经平组织是每根经纱在相邻两枚织针上交替垫纱成圈的组织。其特征是有一定的纵横向延伸性和逆编织方向的脱散性。经平组织与其他组织复合,广泛用于内外衣、衬衫、连衣裙等款式中。

(6)经缎组织

每根经纱顺序地在3枚或3枚以上的织针上垫纱成圈,然后再顺序地在返回原位过程中逐针垫纱成圈而形成的组织。经缎组织线圈形态接近于纬平针组织,因此,其特性也接近于纬平针组织。经缎组织与其他组织复合,可达到一定的花纹效果。

(7)双罗纹组织

双罗纹组织又称棉毛布,是由两个罗纹组织交叉复合而成,正反面都呈现正面线圈。其特征是厚实、柔软、保暖性好,无卷边,抗脱散性和弹性较好,广泛用于各种内衣、衬衫和运动衫裤。

(8)复合双层组织

双层组织是指针织物的正反面两层分别织以平针组织,中间采用集圈线圈做连接线。双层组织的正反面可由两层原料构成,发挥各自的特点。如用途广泛的涤盖棉针织物,涤纶在正面具有强度高、挺括、厚实、紧密、平整、横向延伸性好、尺寸稳定性好和富有弹性的特点,棉纱在反面具有平整柔软、吸湿性好等特点,常用于运动服和冬季校服。

（9）空气层组织

空气层组织指在罗纹或双罗纹组织基础上每隔一定横列数,织以平针组织的夹层结构。具有挺括、厚实、紧密、平整、横向延伸性好、尺寸稳定性好等特点,广泛应用于童装外衣。

（三）童装新面料的应用

近些年来,服装潮流除回归自然外,人们对休闲、舒适、纯天然、安全等更为重视,环保意识进一步加强。以天然纤维棉、麻、毛、丝等为原料的服装大受欢迎,特别是用高新技术改良的天然纤维材料更受消费者喜爱。如不需经过染色的天然彩棉、无公害的生态棉花等在童装上都有广泛的应用。

针对合成纤维吸湿、透气性较差和易起静电的特点,近几年纤维加工工艺和后处理工艺有了很大的突破和创新,技术改良后的各种纺织品在很多方面符合人体的穿着要求。如改良后的各种混纺、化纤面料在吸湿、透气方面有很好的突破,抗静电性优良且不易沾污。高科技与高创意结合,赋予服装各种各样的特殊功能,迎合了现代人个性化的服装理念,如用莱卡、天丝等纤维织造的各种新型面料,体现出比传统面料更柔软、更舒适、更美观、更耐用且更时尚的特征。

如今许多新型抗菌纤维、防紫外线纤维、温控纤维、阻燃纤维的问世,给服饰设计带来了更广阔的天地。它们功能各异、色彩缤纷、个性十足,不仅满足了儿童消费者对更新、更好产品的追求,而且使儿童穿着更舒适、更人性化。

（四）童装面料的流行

使用童装面料时,除注意面料性能外,还要关注面料色彩和花型的流行与工艺技术的时尚。注意面料的色彩、纹样、织造肌理的流行程度,加工工艺技术和后整理的方法,充分利用面料的性能和特征对童装进行个性化设计。

第二节　儿童生理、心理特征与体型特点

一、儿童生理、心理特征

随着儿童的生长发育,其体型不断的发展变化,最后接近成人。按照年龄进行划分,儿童期可分为婴儿期、幼儿期、学童期和中学生期四个时期。

（一）婴儿期

婴儿期是从出生到 1 周岁,身高 52 ~ 80cm。这个时期是显著的身体发育期,出生时平均身长约 50cm,体重约 3 公斤。出生 2 ~ 3 个月发育特别迅速,身长增加约 10cm,体重增加约 2 倍。

出生1年,身长会长高1.5倍,体重约是出生时的3倍。1周岁时身高约80cm,胸围约48cm,腰围约47cm,头围约46cm,手臂长约25cm,裤子上裆长约16cm。

1.0~3个月的婴儿

(1)体型特征

头大,脸面小,颈极短,双层腭;肩圆且小,胸腹部凸出;背的曲率小;虾米腿,大腿各部位的周长差明显(图1-21)。

(2)动作特征

醒的时间少,基本是仰卧姿势,通常上肢与躯体成垂直状态;影响全身的运动量少,运动时间短(图1-22)。

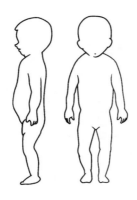
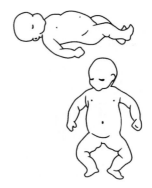

图1-21　0~3个月婴儿体型特征　　　　图1-22　0~3个月婴儿动作特征

(3)发育特点及心理特征

从出生开始,婴儿就已经开始认识周围的事物,如新出生的婴儿会转向母亲声音方向,仿佛在母亲腹中已听过这种声音而能分辨出来。3个月婴儿已经能够集中注意力,他能清楚而开心地认出所爱的人和物,可以不费力地盯住东西看。他的心理也正在成长中,不光用手去抓住东西,同时也以思维过程去领会它们。他审慎地扩展他的感知世界。

2.4~6个月的婴儿

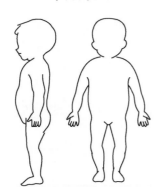

图1-23　4~6个月婴儿体型特征

(1)体型特征

能继续看到头部、脸面及颈部的特征;胸部的凸出部分向下移;背的曲率增加;上臂稍发达;下肢趋于平行(图1-23)。

(2)动作特征

4个月婴儿做动作的姿势较以前熟练,而且能够呈对称性。抱在怀里时,婴儿的头能稳稳地直立起来。俯卧时,能把头抬起并和肩胛成90°角。拿东西时,拇指较以前灵活。扶立时两腿能支撑着身体。此时婴儿的唾液腺正在发育,会有口水流出嘴外,还出现把手指放在嘴里吸吮的毛病。5 个月的婴儿懂事多了,体重已是出生时的 2 倍,口水流得更多了,在微笑时垂涎不断。可以自如地由仰卧变为俯卧。坐时背挺得很直。在大人帮助下能直立。在床上处于俯卧位时有向前爬的意识,但由于腹部还不能抬高,所以爬行受到一定限制。6 个月的婴儿属匍匐爬行时期。婴儿这时可以看见眼前 3 米左右的东西,并能够有意识地用手抓东西,可以在外力的帮助下坐一会儿(图 1 – 24)。

（3）**发育特点及心理特征**

4 个月的婴儿对周围的事物有较大的兴趣,喜欢和别人一起玩耍。能识别自己的母亲和面庞熟悉的人以及经常玩的玩具。5 ~ 6 个月的婴儿有旺盛的求知欲,这个时期已经具备伸手抓东西的能力,从视觉和触觉上应给予及时的训练。

3. 7 ~ 12 个月的婴儿

（1）**体型特征**

头还比较大;颈部挺立,胸部凸出减小,腹部凸出向下移,背的曲率增加;下肢稍发达（图 1 – 25）。

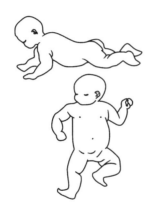
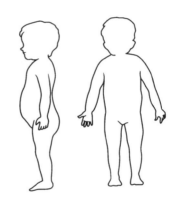

图 1 – 24　4 ~ 6 个月婴儿动作特征　　　　　图 1 – 25　7 ~ 12 个月婴儿体型特征

（2）**动作特征**

7 个月的婴儿各种动作开始有意向性,会用一只手拿东西,会把玩具拿起来,在手中来回转动,还可以把玩具从一只手递到另一只手或用玩具在桌子上敲着玩。仰卧时会将自己的脚放到嘴里啃。这个月龄的婴儿不用人扶能独立坐几分钟。8 个月的婴儿不仅会独坐,而且能从坐位躺下,扶着床栏杆站立,并能由立位坐下,俯卧时用手和膝趴着能挺起身来;会拍手,会用手挑选自己喜欢的玩具玩,但常咬玩具;会独自吃饼干。9 个月的婴儿能够坐得很稳,能由卧位坐起而后再躺下,能够灵活地前、后爬,能扶着床栏杆站着并沿床栏行走。会模仿成人的动作,双手会灵活地敲积木,会把一块积木搭在另一块上或用瓶盖去盖瓶口。10 个月的婴儿喜欢探索周围环境,喜欢把手指伸进小孔中。玩玩具时,有时会把一件玩具放在另一件玩具中,喜欢模仿大人的动作。11 ~ 12 个月的婴儿坐着时能自由地向左右转动身体,能独自站立,扶着一只手能走,推着小车能向前走。能用手捏起纽扣、花生米等小的东西,并会试探地往瓶子里装,能从杯子里拿出东西然后再放回去。双手摆弄玩具很灵活,会模仿成人做比较细微的动作。总之,7 ~ 12

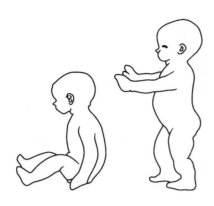

图1-26　7~12个月婴儿动作特征

个月的婴儿可做扭转运动,会坐,咿呀学语,扶着东西可站起来。运动量、活动范围急剧增加(图1-26)。

(3)发育特点及心理特征

7个月的婴儿已经开始理解别人的感情。8个月的婴儿看见熟人会用笑来表示认识他们,看见亲人或看护他的人便要求抱,如果把他喜欢的玩具拿走,他会哭闹。对新鲜的事情会感到惊奇和兴奋。从镜子里看见自己,会到镜子后去寻找。9个月的婴儿已经开始懂得简单的语意了。这时大人和他说再见,他也会向你摆摆手;给他不喜欢的东西,他会摇头;玩得高兴时,他会咯咯地笑,并且手舞足蹈,表现得非常欢快活泼。

10~12个月的婴儿记忆力得到进一步发展,他能记住自己及家庭成员的名字,还能记住一些常用物品名称。注意力也有了一定的发展,对于自己感兴趣的事物,他会较长时间的注意和观察。这时候的婴儿不仅能模仿动作,而且能模仿听到的一些声音。

(二)幼儿期

幼儿期指1~5周岁,身高90~108cm。此阶段是身体成长与运动机能发育最显著的时期,身高在2~3周岁发展很快,每年增长约10cm。4周岁开始,身高每年增加约6cm,体重增加约2公斤。1~5周岁胸围每年增长约2cm,腰围每年增长约1cm,手臂长每年增长约2cm,裤子上裆长每年增长约1cm。

1. 1~2周岁幼儿

脸部稍大,颈部成型,肩稍向外突,胸腹部凸出减小;骨盆倾斜度增大,下肢发达。会走路,稍大能跑,能跨越障碍,会投掷。

2. 2~3周岁幼儿

头身指数增加,4~4.7头身;脸盘儿继续长大,颈发育已很好,形状明显;肩向外突出,胸部曲度变小;腹部凸出继续减小;上肢有力,臀沟明显,下肢更发达。手指灵活,能拉拉链,能系较大的纽扣。从2周岁开始,自己会穿衣服。活动量大,常到处跑;平衡感觉发达起来;对自己感兴趣的事能集中注意力。

3. 4周岁幼儿

双层腭消失;颈向前方倾斜,出现倾角;肩向外更突出,胸变宽;背部曲率增大;上肢更长且有力,下肢继续发达。确立自我,想自己做事,讨厌干涉;热衷于细小的作业;表现出自己的性格特点。

4. 5周岁幼儿

头身指数增加,约5.2头身;颈变长,脸有了立体感;肩宽很明确,厚度减小;小腹凸出变小;背部曲率继续增大;身体前后面、侧面明确;下肢变细。积极性提高,能力增加,能向目标行动,是思考、活动活跃的时期;对数的兴趣及理解加深。

(三)学童期

学童期指 6 ~ 12 周岁,身高 110 ~ 150cm。此阶段是运动机能和智能发育显著的时期,儿童的生长发育速度非常迅速,身高及身体围度迅速增加,逐渐脱离了幼稚的感觉。男童与女童发育的共同特征是四肢生长速度快于躯干的生长速度。但这一时期,女童的发育速度大于男童,其身高、体重都会略高于男童,男童的宽肩与女童的细腰宽臀逐渐形成鲜明的对比。10 周岁前,男女童身高每年增长约 5cm,10 周岁后女童由 5cm 逐渐减少,而男童仍然增长 5cm 左右;10 周岁前男女童胸围每年增长约 2cm,10 周岁后增长约 3cm;腰围女童增长 1cm,男童 10 周岁前增长约 1cm,10 周岁后增长约 2cm;男女童手臂长每年增长约 2cm;裤装上裆长女童每年增长约 0.6cm,男童每年增长约 0.4cm。

这个时期,儿童的生活范围从幼儿园、家庭转到学校,学校成为生活的中心。由于受到膳食营养、吸收和遗传等方面的影响,儿童发育快慢、早晚有所不同,致使该阶段儿童的体型也有所不同。同时,随着年龄的增长,儿童个体之间的性格、爱好等也会出现很大的差异。

(四)中学生期(少年)

中学生期指 12 ~ 15 周岁,身高 150 ~ 170cm。从小学进入初中后,儿童进入第 2 个生长高峰期,身高的增长速度个体之间存在很大的差异。男童平均在 13 周岁左右开始青春期发育,13 ~ 15 周岁的发育非常迅速。由于发育时间早晚的不同,这一时期身高与年龄的关系不大,年龄只对服装尺寸对照表产生微弱的影响。女童体型胸部发育最快,在发育早期,胸部只是稍微凸出一点,当胸部发育较为完全的时候,女童的上衣原型必须出现胸省,由于发育时间早晚不同,年龄与身材的关系变化很大,不能仅根据年龄来确定板型。男童身高每年增长约 5cm,女童由 5cm 逐渐减为 1cm;男女童胸围每年增长约 3cm;腰围男童每年增长约 2cm,女童增长约 1cm;手臂长男女童每年增长约 2cm;上裆长男童每年增长约 0.4cm,女童每年增长约 0.6cm。

二、儿童体型特点

儿童时期是人生中体型变化最快的阶段。从出生到少年,体型随着年龄的增长而急剧变化。

(一)儿童体型与成人体型的差异

1. 下肢与身长比

越年幼的儿童腿越短,1 ~ 2 周岁的儿童,下肢约是身长的 32%。

2. 大腿和小腿比

越年幼的儿童大腿越短。随着长大,下肢与身长的比例逐渐接近 1:2,其中大腿的增长显著,1 周岁婴儿大腿内侧长约 10cm,3 周岁时约 15cm,8 周岁时约 25cm,10 周岁时约 30cm。

3. 8 周岁前儿童的体型

男女没有体型上的差异,几乎是完全相同的小儿体型。

4. 侧面体型

儿童腹部向前凸出,乍一看就像肥胖型的成人,但成人后背是平的,而儿童由于腰部(正好在脐正后的背部)最凹,因此,身体向前弯曲,成弧状。

5. 颈长

婴儿颈长只有身长的2%左右,2周岁时达到约3.5%,6周岁时达到约4.8%,接近成人的比例。8～10周岁时,一部分儿童颈长与成人同比例(约5.15%),有一部分儿童颈长会达到约5.3%,这就是有一个时期儿童的颈部看起来又细又长的原因。颈长实测值成人约9cm,儿童约6.5cm,虽然实际数值小于成年人,但与身高相比,比例和成年人相近。

6. 腿型

成人并拢脚跟站立,能站很长时间,而6周岁以下儿童,如果不分开两脚,就很难站起来,尤其是3周岁以下的儿童,膝关节以下,小腿向外弯曲。因此,并脚站立的姿势是很勉强的。

(二)儿童各个时期体型特点

儿童各个时期体型特点如图1 –27和图1 –28所示,图中显示了0～16周岁的男女儿童的正面和侧面体型(阴影部分是男童)。

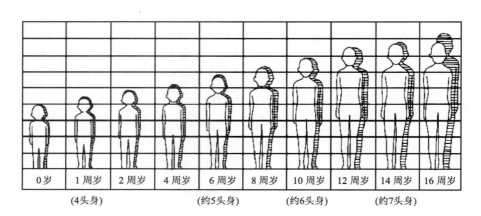

图1 –27　不同年龄段儿童正面体型图

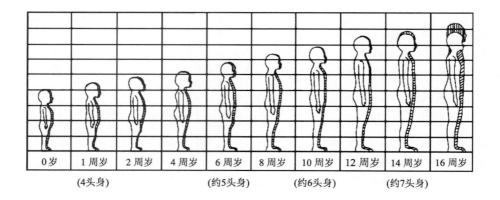

图1 –28　不同年龄段儿童侧面体型图

从图中可以看出,婴儿期头身比约为 1:4,头与整个身体相比较大,胸围、腰围、臀围尺寸几乎没有区别。

幼儿期体型特征为头大,颈短,腹部向前凸出,头身比约为 1:5。

学龄前期儿童的头身比为 1:5.5～1:6,体型特征是挺胸、凸腹、肩窄、四肢短,胸围、腰围、臀围尺寸仍然差距不大。

学龄期儿童头身比为 1:6～1:6.5,男童和女童逐渐出现胸围与腰围的差值。

少年期少女生长发育有所放缓,胸围、腰围和臀围差较显著,变成脂肪型体型;少男身高、体重、胸围的发育均超过少女,肩宽、骨骼与肌肉都迅速发育而变成肌肉型体型。少年期头身比为 1:7～1:7.5,与成人体型区别不大,比较匀称。

第三节　儿童身体测量

为了对人体体型特征有正确、客观的认识,除了做定性研究外,还必须把人体各部位体型特征数字化,用精确的数据表示身体各部位的特征。

随着儿童的生长发育,体型在不断地发展变化,为了保证服装适合儿童体型特征,且穿着舒适美观,在进行童装纸样设计时,必须有准确的各部位的数据。人体测量是获得准确的人体尺寸的唯一途径,是进行童装结构设计的前提。

一、儿童身体测量的注意事项

①被测儿童自然站立或端坐,双臂自然下垂,不低头,不挺胸。

②软尺不过松或过紧。测量长度方面的尺寸时,软尺要垂直;测量宽度方面的尺寸时,软尺应随人体的起伏,如测肩宽时,不能只测两肩端点之间的直线距离;测量围度方面的尺寸时,软尺要水平,松紧适宜,既不勒紧,也不松脱,以平贴能转动为原则,水平围绕所测部位体表一周。

③由于儿童测体时,身体容易移动,所以对于较小的儿童,以主要尺寸为主,如身高、胸围、腰围、臀围等,其他部位的尺寸可通过推算获得。

④发育期的儿童,服装不要过分合体,要有适度的松量,因此男女童应在一层内衣外测量。

⑤应通过基准点和基准线进行测量。如测胸围时,软尺应水平通过胸点;测袖长时应通过肩点、肘点和腕凸点。儿童腰围线不明显,测量时准备一根细带子,在腰部最细位置水平系好,此处就是腰围线。若不好确定腰围最细处,可使孩子弯曲肘部,肘点位置作为目标位。

⑥测量时注意手法,按顺序进行,一般从前到后,从左向右,自上而下地按部位顺序进行,以免漏测或重复。

⑦要观察被测者体型,对特殊体型者应加测特殊部位,并做好记录,以便制图时做相应调整。

⑧做好每一部位尺寸测量的记录,并使记录规范化。必要时附上说明或简单示意图,并注

明体型特征及款式要求。

二、儿童身体测量的部位及方法

儿童身体测量的部位由测量目的决定,根据服装结构设计的需要,进行通体测量的主要部位约有 17 个(图 1 – 29)。

图 1 – 29　儿童身体测量的部位及方法

①身高——立姿赤足,自头顶至地面所得的垂直距离。

②胸围——水平围量胸部最大位置 1 周,软尺内能夹进 2 个手指(约 1cm 的松量)所得到的尺寸。

③腰围——在细带束好的位置,夹入 2 个手指(约 1cm 的松量),水平围量 1 周所得到的尺寸。

④臀围——在臀部最大的位置(约低于腰围 $\frac{1}{2}$ 个背长)夹入 2 个手指(约 1cm 的松量),水

平围量 1 周所得到的尺寸。

⑤背长——自颈后点(BNP,第 7 颈椎附近)量至腰围线(WL)的长度,应考虑一定肩胛骨凸出的弧量。

有时测量后腰节尺寸和前腰节尺寸,后腰节尺寸一般从颈侧点经背部量至腰部最细处,前腰节尺寸一般从颈侧点(SNP)经胸部量至腰部最细处。

⑥衣长——自颈后点量至腰围线,停下按一下卷尺,按儿童的年龄及服装的种类量至所需长度。

⑦臂长——手臂自然下垂,自肩端点量至尺骨茎突点的长度。

⑧裙长——自腰围线量至裙装所需的长度。

⑨裤长——自腰围线量至裤装所需的长度。

⑩上裆——坐姿时,从腰围线到椅面的距离。或腰围高减去下裆长的尺寸。

⑪下裆——从横裆处到外踝点的距离。

⑫头围——在头部最大位置夹入 2 个手指,环绕 1 周进行测量所得到的尺寸。

⑬肩宽——经颈后点(BNP)测量左右肩端点(SP)之间的距离。

⑭颈围——将颈项的根部环绕 1 周进行测量所得尺寸,软尺应略松些。

⑮臂根围——自腋下经过肩端点与前后腋点环绕手臂根部 1 周所得尺寸。

⑯腕围——经过尺骨茎突点将手腕部环绕 1 周测量所得长度,注意不要太紧。

⑰坐高——自头顶点量至椅面之间的距离。

三、儿童特殊体型的测量

与成人相比,儿童中特殊体型较少,但仍为不可忽视的一类人群。要想使这类特殊体型者的服装美观、舒适,其表征身体各部位特征的数据就应更准确、详细。因此,在对特殊体型儿童的身体进行测量之前,必须对他的形态进行认真的观察和分析,从前面观察胸部、腰部、肩部,从侧面观察背部、腹部、臀部,从后面观察肩部。对于不同的体型,除测量正常部位外,还需测量形体"特征"之处。儿童特殊体型主要有以下几种:

(一)肥胖体型

肥胖儿童的体型特征是:全身圆而丰满,腰围尺寸大,后颈及后肩部脂肪厚,臂根围大。测量重点部位是颈围、肩宽、腰围、臀围、手臂围。

(二)鸡胸体体型

鸡胸体儿童的体型特征是:胸部至腹部向前凸出,背部平坦,前胸宽大于后背宽,头部呈后仰状态。测量重点部位是前腰节长、后腰节长、颈围、前胸宽、后背宽。

(三)肩胛骨挺度强的体型

该体型特征是肩胛骨明显外凸。测量时需加测的部位是后腰节长、总肩宽。

（四）端肩体型

该体型特征是肩平、中肩端变宽。测量重点部位是总肩宽、后背宽、臂根围、肩水平线和肩高点的垂直距离。

第四节　童装尺寸设定的依据

上节所测量尺寸为儿童净体尺寸，童装成品尺寸要考虑儿童的呼吸量、活动量，即人体的静态和动态尺度。除此之外，还要考虑服装本身与人体各生理因素的关系，如衣服的长短、松紧等都应有一定的设计范围和审美习惯，这个范围和习惯是为了取得服装与人体结合的"合适度"，否则不仅对服装的机能产生影响，而且也不符合审美规律。

一、童装围度的人体依据

任何款式的服装，其最小围度除它的实用和造型效果要求之外，不能小于人体各部位的实际围度（净围度）与基本松量和运动度之和。对童装而言，实际围度一般指净尺寸（童装以穿内衣测量为准），松量是考虑构成儿童身体组织弹性及呼吸所需的量而设计的，运动度是为有利于儿童的正常活动而设计的。对童装结构设计围度方面最有影响的是胸围、腰围和臀围以及头围、颈围、掌围和足围。

（一）胸围

胸围加松量成为上衣胸部尺寸的最小极限，它不涉及更多的运动度。

（二）腰围

腰围加松量和运动度成为腰部尺寸的最小极限。这种尺寸的设定有助于服装上下部分在腰间连接为整体结构的设计，如连衣裙、连身衣裤、长外套等，而普通裤子、半截裙的腰部设计只需考虑腰围净尺寸和松量，不必考虑运动度。

（三）臀围

臀围加松量和运动度成为臀部尺寸的最小极限，同时臀部需要平整的造型，在围度中增加臀部太大的运动度不符合造型美的规律，因此，童装臀部的运动度往往增加在围度和长度两个方面。

（四）头围和颈围

头围和颈围都是加上各自的松量为最小极限。颈围加松量是关门领领口尺寸设计的参数；头围加松量是贯头装领口尺寸设计的参数，很多童装款式都有兜帽设计，因此头围尺寸在童装设计中尤为重要。

(五)掌围和足围

掌围和足围都是加上各自的松量为最小极限。掌围加松量是袖口、袋口尺寸设计的参数;足围加松量是裤口尺寸设计的参数。

以上围度尺寸设定是普遍规律,根据不同面料性能,围度应作适当修正,如针织物和机织物在围度上有所不同。童装某些款式,如儿童体操服设计中,其成衣围度比人体实际围度小,这是因为针织物伸缩性强的缘故。童装的开放性结构设计,在上述围度最小极限的要求下,可以依据美学法则和流行趋势进行设计。

二、童装围度放松量变化规律

服装的上装与人体的肩、胸、腰,下装与人体的腰、臀部位有着密切的关系。人体的胸、腰、臀是一个复杂的曲面体,胸、腰、臀的放松量确定是决定服装轮廓造型的关键,也是服装穿着舒适性的关键。为使服装穿着舒适,不影响儿童的生长发育,同时又达到美观的效果,应对不同的体型、不同服装的款式造型进行各部位放松量的合理加放。根据儿童年龄的不同,各部位围度的放松量应作适当调整,越小的儿童,服装的舒适功能要求越强,放松量越大,学童后期的儿童服装放松量接近或等于成人的围度放松量。

(一)童装的上装放松量

1.胸围放松量

公式:基本放松量(6~8cm) + 衣服的厚度所需的间隙松量 + 成衣周围与体围之间所形成的平均间隔量。

2.腰围放松量

较小的儿童,腹部凸出,腰围尺寸实际上是腹围尺寸,放松量不但不能小于胸围放松量,而且在进行款式设计时,应设计成褶裥、抽褶或 A 型结构,以增加腰围的放松量。较大的女童,虽然到 15 岁,体型逐渐发育,出现胸腰差,但体型仍然没有发育完全,胸腰差要小于成年女子,同时考虑到女童的生长发育,款型设计不应十分贴体,因此其腰围的最小放松量应不小于 8cm。

3.臂围放松量

针对儿童的特点,臂围 = 人体臂根围(净尺寸) + 内衣厚度。

(二)童装的下装放松量

1.腰围放松量

腰围是在直立、自然状态下进行测量的。当人坐在椅子上时,腰围围度约增加 1.5cm;当坐在地上时,腰围围度约增加 2cm;呼吸前后会有 1.5cm 差异;较小儿童进餐前后会有 4cm 的变化。因此,婴幼儿腰围放松量最小为 4cm,在款式结构上可采用背带或橡筋收缩,通常较大儿童裤子腰围放松量为 2~2.5cm。

2. 臀围放松量

人体站立时测量的臀围尺寸是净尺寸,当人坐在椅子上时,臀围围度约增加 2.5 cm,坐在地上时,臀围围度约增加 4 cm,根据人体不同姿态时的臀部变化可以看出,臀部最小放松量应为 4 cm。

(三)童装主要品种围度放松量(表1-1)

表1-1　童装主要品种围度参考放松量　　　　　　　　　　单位:cm

品种＼部位	胸围	腰围	臀围	领围
衬衫	12 ~ 16	—	—	1.5 ~ 2
背心	10 ~ 14	—	—	—
外套	16 ~ 20	—	—	2 ~ 3
夹克衫	18 ~ 26	—	—	2 ~ 4
大衣	18 ~ 22	—	—	3 ~ 5
连衣裙	12 ~ 16	—	—	—
背心裙	10 ~ 14	—	—	—
短裤	—	2(加橡筋除外)	8 ~ 10	—
西裤	—	2(加橡筋除外)	12 ~ 14	—
便裤	—	2(加橡筋除外)	17 ~ 18	—
半截裙	—	2(加橡筋除外)	—	—

三、童装宽度的人体依据

(一)肩宽

肩宽 = 净肩宽 + 内衣厚度。

(二)胸宽

合体服装中,胸宽通常以实际测量值为准,宽松服装要根据款式需要设定。

(三)背宽

合体服装中,背宽 = 实际测量值 + 手臂前屈运动量,通常手臂前屈运动量为 2 ~ 3 cm,宽松服装要根据款式需要设定。

婴幼儿测量身体难度较大,有时胸宽、背宽等尺寸通过推算或查找参考尺寸获得。

四、童装长度的人体依据

童装长度部位主要有衣长、袖长、裤长和裙长等。

童装长度设计至少要考虑三个因素：一是服装种类，即有一定目的要求的服装；二是流行因素；三是人体活动连接点的适应范围。第三因素可以作为前两因素的基本条件，因为它强调的是实用价值。

人体的连接点是人体运动的枢纽，连接点与外界接触的机会最多，此部位是避免过多接触或加固设计的重要依据，如膝部，肘部、肩部等。要求在临近这些连接点的结构中设法减轻人体与服装的不良接触，在服装长度设计中，凡是临近连接点的地方都要设法避开，特别是运动幅度较大的连接点。所以衣长、袖长、裤长、裙长的摆位都不宜设在与连接点重合的部位。

总之，服装长短设计的基本规律是以人体的连接点为界设定的，下面加以具体说明。

①无肩上衣的开袖隆位置，应远离肩端点而靠近颈侧点。

②无袖上衣的开袖隆位置，应远离颈侧点而靠近肩端点，但不宜与肩端点重合。

③肩袖上衣的袖口位置，在上臂靠近肩端点处，而不宜与肩端点重合。

④短袖上衣的袖口位置，在肩端点与肘点之间，同时也可根据流行趋势而加长，但短袖最长不宜与肘点重合。

⑤中长袖的袖口位置，在肘点与腕关节之间浮动。

⑥一般长袖上衣的袖口位置，在人的手腕处。

⑦短上衣的下摆位置在中腰上下，即腰围线和臀围线之间。

⑧一般上衣的摆位均在臀围线以下。

⑨长上衣的下摆位置在臀围线与膝盖线之间。同时此位置也是超短裙和短裤的摆位。

⑩短外套的下摆位置，同时也是短裙摆位，在膝盖以上。

⑪一般外套的摆位及一般裙长的摆位，在膝盖以下。长裙摆位和中长裤口位置，在髌骨和踝关节之间。

第二章　婴儿装纸样设计

婴儿指 0 ~ 12 个月的儿童,身高为 52 ~ 80cm,头身比约为 1:4。婴儿有四大特点:一是骨骼十分脆弱,身体呈筒形,没有明显的三围区别,头围和胸围尺寸相近。二是生长发育特别快,服装要比较宽大,能适应一定时期的穿着。三是皮肤娇嫩,容易因外界刺激受伤,且生理器官处于发育阶段,相对于成人,对压力舒适性要求较高;同时,皮下毛细血管丰富,易出汗,但汗腺发育不完全,导致自身调节气温的能力较弱,不能适应冷热变化,需要服装帮助来调节。四是刚出生的婴儿睡眠时间较长,随着月份的增加而逐渐减少,活动量逐渐增加,服装在这个时期也是寝具的延伸。根据这些特点,婴儿装设计应注重服装的功能性和安全性,以实用性为主。

图 2 - 1　婴儿装基本款式

婴儿装款式结构应以简洁、宽松为主,易脱易穿,没有明显的性别差异。以前开襟为主,配合肩部和侧缝开口,尽量少用纽扣、拉链之类的辅料,用绳系或尼龙软按扣,以免擦伤婴儿幼嫩的肌肤(图 2 - 1)。

婴儿装面料选择,从湿热性能考虑,应有较好的吸湿性、透气性和保暖性,帮助婴儿调节体温,适应气候环境。从力学性能考虑,面料应柔软,有一定的弹性,摩擦强度高,粗糙和过硬的面料易擦伤婴儿的肌肤,尤其是内衣面料选择更应注意;同时,婴儿装经常洗涤,面料应具有一定的耐洗性和强度。婴儿装面料的安全性能一般从两个方面考虑:首先考虑面料的静电性能,服装静电对成人几乎没有损伤,但对婴儿娇嫩的肌肤有很大的影响,因此要求婴儿装面料几乎不起静电,尽量不使用化纤类面料;其次考虑面料中有害的化学物质,这些物质一般在染色和后整理过程中吸附在面料上,对婴儿的伤害很大,在材料选择中应加以注意。从压力性能考虑,婴儿装压力舒适性限值较低,因此面辅料要求比较轻,不宜选择厚重的面料,如牛仔布等。从颜色方面考虑,因为婴儿的大小便常作为检验婴儿身体是否健康的标志,所以面料颜色以白色为主,根据性别差异选择浅粉、奶黄、淡蓝、浅绿等。从经济方面考虑,婴儿装穿着时间较短,不适于选择价格较高的面料,以适合婴儿特点的棉织品为主。

婴儿装没有明显男装、女装之分,款式几乎不受流行的影响,设计的关键是注重儿童身体的健康发育。因此,婴儿装结构设计的特点是开口较大、接缝较少、穿脱方便、美观大方。

第一节　婴儿装纸样设计参考尺寸

国家服装号型系列给出了基本的号和型的尺寸,婴儿测定尺寸较困难,其他控制部位尺寸及细节部位尺寸根据婴儿的特征进行推算、选定。有时婴儿各部位比例关系可以通过背长(LW)和胸围(B)来推算:

背宽 $=$ LW 或稍大些;

胸宽 $=$ LW;

肩宽 $= \dfrac{1}{3}$LW;

臀高(从腰围线到臀围线)$= \dfrac{1}{2}$LW;

膝长(从腰围线至膝盖)$= \dfrac{3}{2}$LW;

腿长(从腰围线至脚踝骨)$= \dfrac{5}{2}$LW;

臂长 $= \dfrac{3}{2}$LW(大号中稍大些);

袖窿弧长 $= \dfrac{1}{2}B$(稍偏上或稍偏下);

领围弧长 $= \dfrac{1}{2}(B-2\text{cm},B-3\text{cm},B-4\text{cm})$;

上臂长 $= \dfrac{1}{3}B$(稍大些);

腰围 $= B+1\text{cm},B,B-1\text{cm}$(年龄越小,与胸围相比,腰围应越大)。

值得注意的是,以上各部位比例关系会受到儿童年龄及体型发育状况的影响。较大的儿童四肢增长较快,较小的儿童四肢增长较慢,因此,较大儿童应多留出一定的余量。年龄较大的儿童,胸围、腰围、臀围尺寸差异较大,而较小的儿童这些部位的尺寸几乎相同,在纸样设计中应加足够的放松量。

婴儿装规格按月份进行分类,最小的是以婴儿 3 个月时的身高为标准,之后以每 3 个月为一个间隔递增(表 2 - 1)。婴儿装制图和 1 周岁以上儿童制图方法不同,我国有适用于 1 周岁以上儿童的成熟的上装原型制作方法,而对于婴儿装来讲,本书采用短寸法进行纸样设计。

表 2 - 1　婴儿各部位尺寸表　　　　　　　　　单位:cm

数值　　月龄 部位	新生儿	3 个月左右	6 个月左右	9 个月左右	12 个月左右
身高	52	59	66	73	80
净胸围	40	42	44	46	48

数值 　　月龄 部位	新生儿	3个月左右	6个月左右	9个月左右	12个月左右
背长	16	17	18	19	20
肩宽	17	18	19	20.5	22
颈根围	22.5	23	23.5	24.5	25.5
手臂长	17	19	21	23	25
净袖窿深	9.5	10	10.5	11	11.5
手腕围	10	10	10.5	11	11
净腰围	41	42	43.5	45	47
净臀围	40	42	44	47	50
上裆长	—	13	14	15	16
下裆长	—	18	22	26	31
脚长	—	9	10	11.5	13
手掌围	—	11	11.5	12	13
头围	38	40	44	46	48
腰高	—	—	—	40	45

第二节　婴儿上衣纸样设计

　　婴儿活动范围较小,适合的上衣品类也较少,通常分为内衣类和外衣类两种。内衣类包括各种衬衫,外衣类包括适合较小婴儿外出的睡袋衣和适合较大婴儿外出的披风等。婴儿上衣结构形式比较简单,主要是要满足婴儿的功能性和实用性要求。

一、婴儿上衣常见各部位变化形式

(一)领部

1.领线型圆领口

　　尺寸随内外衣品类不同在颈根围的基础上有不同的加放尺寸,范围一般在1～4cm。领部设计形式应适应婴儿较短的脖颈,领线型圆领口在婴儿装设计中应用非常广泛。

2.无领腰的平领

　　婴儿颈部较短,领腰可造成婴儿穿着服装时的不适,婴儿装应采用较低领腰或无领腰的领型,以平领为主,设计时在肩部进行少量搭接或不搭接。

(二)袖部

1.中式连肩袖型

　　此袖型腋下有足够的活动量,连袖设计缝线少且易于活动,非常适于婴儿穿着。设计时应注意袖窿尺寸不宜太小,在净袖窿深的基础上加放一定松量。

2. 插肩袖型

此袖型也是一种常见的婴儿装衣袖设计形式,袖斜采用肩斜的斜度,以充分适应婴儿最初几个月的"大字形"体位。

3. 装袖袖型

袖窿尺寸应在净袖窿深的基础上加放一定松量,以便于婴儿的活动。装袖设计中,袖窿与袖山尺寸应吻合。

各种袖型的袖口均可采用普通散口或抽褶、抽带的形式,但应注意袖口松量,袖口不宜紧勒婴儿腕部。根据季节,袖长可做成长袖、8 分袖、5 分袖和 3 分袖,3 分袖的袖口尺寸不应小于臂根围 +4cm。

(三)衣长

普通上衣的后衣长约为背长 + 上裆尺寸,或者为 $\frac{7}{4}$ 背长尺寸,前衣长设计应考虑婴儿腹凸。婴儿裙衣长较长,等于或长于体长。

(四)下摆

尺寸随衣长的变化而变化。为了母亲操作方便和婴儿穿着舒适,下摆需展开一定的量,衣长越长,展开的量越大,长于体长的婴儿裙展开量可以达到胸围尺寸。

二、不同款式的婴儿上衣纸样设计

(一)婴儿衬衫

婴儿衬衫是婴儿必备的服装之一。婴儿生长较快,服装因成长需要增加围度,有时需要加宽里襟。新生儿衬衫的衣长不应该太长,应在臀部以上,以防尿湿后衣摆。闭合形式可采用偏襟系带(该设计在婴儿贴身衬衫中应用较多,前襟宽大的重叠量用于保护婴儿娇嫩的腹部),也可采用系扣,但应注意纽扣的材料,不应使用金属纽扣,可采用新式无爪按扣,该按扣比普通按扣质薄、体轻,颜色多种多样,而且扣合比较牢固。根据不同季节,袖长可定为 3 分袖、5 分袖、8 分袖和长袖。长袖袖口宽度应足够成人的手进入,方便穿衣。面料可选用机织的纯棉细平布、绒布、泡泡纱和薄型纬编针织面料。

1. 偏襟中式衬衫

偏襟中式衬衫又称作"毛衫"。由于历史上长期的封建闭塞,人们对婴儿的生死、祸福很少从医学和婴儿生理卫生的角度来认识,而是归咎于邪气、魔鬼。因此,传统的称之为"毛衫"的婴儿服装一直被人们采用。"毛衫"上经常绣上精美的动物、虫草等图案,用来保护婴儿,驱走鬼怪,象征吉祥幸运。传统的婴儿服饰做工十分精美,闪烁着我国劳动人民优秀民俗工艺的光焰。但从现代服饰卫生学的角度来看,又的确有很多不足之处。比如烦琐的刺绣使婴儿装变得又厚又硬,会损伤婴儿细嫩的肌肤。

(1)**款式风格**

较宽松设计,无领,长袖,前片偏襟设计,闭合形式为系带(图2－2)。

图2－2 婴儿偏襟中式衬衫款式设计图

(2)**适合年龄**

3～6个月的婴儿,身高59～66cm。

(3)**规格设计**

衣长 = 背长 + 臀高 + 5cm;

胸围 = 净胸围 + 16cm 放松量;

袖长(从后领中点到手腕部的尺寸)= $\frac{1}{2}$ 总肩宽 + 手臂长;

袖口 = 16cm(3～6个月尺寸基本不变)。

以3个月婴儿为例:

衣长 = 17cm + 8.5cm + 5cm = 30.5cm;

胸围 = 42cm + 12cm = 54cm;

袖长 = 9cm + 19cm = 28cm。

(4)**纸样设计图**(图2－3)

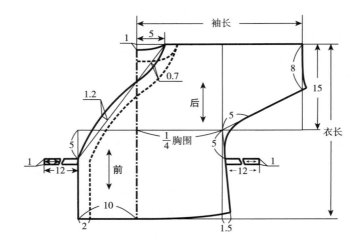

图2－3 婴儿偏襟中式衬衫纸样设计图

做长方形。以 $\frac{1}{4}$ 胸围 13.5cm 为宽，以衣长 30.5cm 为高做长方形。长方形左边线为前后中心辅助线，上边线为肩辅助线，下边线为底摆辅助线。

后片制图：

①做胸围线。按袖窿深（净袖窿深 +5cm）15cm 做胸围线。

②做后领口弧线。后领深为 1cm，后领宽为（$\frac{1}{5}$ 颈根围 +0.4cm）5cm。

③做后片身袖。在肩辅助线上，取袖长 28cm，并垂直量取 8cm 袖口尺寸；连接袖口点和侧缝胸围点做袖缝辅助线；底摆展开量 1.5cm，做侧缝辅助线；自侧缝胸围点分别向两线取 5cm，做腋下弧线；修正袖口弧线和底摆弧线。天气热时，袖口尺寸可适当增加，袖长变短。

④做后领贴边。贴边宽 2cm。

前片制图：

前片在后片基础上进行绘制。与后片不同之处：

①做前片偏襟量。前片偏襟量为 8～10cm。

②做前领口弧线。前领宽等于后领宽；前领口弧线止点为偏襟线上胸围线下 5cm 点；天气热时，前领深可适当下落。

③做底摆线。底摆与侧缝成直角。

④做系带。带长 12cm，带宽 1cm，共 4 条，位置如图所示。

⑤做前片贴边。贴边宽 2cm。

2. 插肩袖上衣

（1）款式风格

较贴体天然彩棉上衣，无领，插肩袖型，右侧插肩线处开口系扣，圆摆，领口、袖口和衣摆处 1＋1 罗纹绲边（图 2－4）。

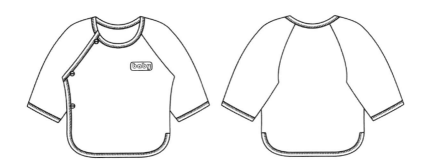

图 2－4 婴儿插肩袖上衣

（2）适合年龄

3～9 个月的婴儿，身高 59～73cm。

（3）规格设计

衣长 = 背长 + 臀高 +5cm；

胸围 = 净胸围 + 10cm 放松量；

袖长（从后领中点到袖口部位的尺寸）= $\frac{1}{2}$ 总肩宽 + 手臂长 – 3cm；

袖口 = 16cm。

以6个月婴儿为例：

衣长 = 18cm + 9cm + 5cm = 32cm；

胸围 = 44cm + 10cm = 54cm；

袖长 = 9.5cm + 21cm – 3cm = 27.5cm。

（4）纸样设计图（图2 – 5）

后片制图：

①做上基础线。

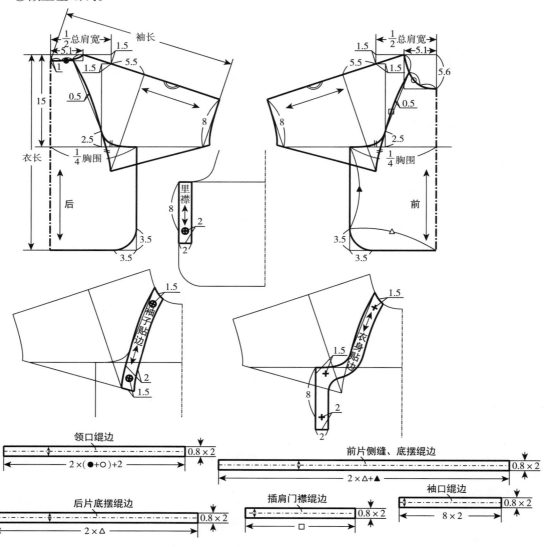

图2 – 5　婴儿插肩袖上衣纸样设计图

②做胸围线。胸围线距上基础线 15cm,后胸围尺寸为 $\frac{1}{4}$ 胸围。

③做底摆线。底摆线距上基础线为衣长尺寸 32cm。

④做后领口弧线。后领深为 1cm,后领宽为 $(\frac{1}{5}$ 颈根围 $+0.4cm)5.1cm$。

⑤做后肩斜线、确定袖长。自后中心点取在 $\frac{1}{2}$ 总肩宽 9.5cm,取落肩尺寸 1.5cm,连接侧颈点和肩端点。在肩斜线的延长线上取袖长 27.5cm。

⑥做背宽线。背宽线距后肩端点 1.5cm。

⑦做插肩弧线。插肩点在后领口弧线的上 $\frac{1}{3}$ 处,袖身交叉点在背宽线上 2.5cm,连接两点并延长;过后插肩点、袖身交叉点和侧缝胸围点做弧线。

⑧做插肩袖。插肩袖袖山高 5.5cm,自身袖交叉点向落山线做衣身腋下弧线的反向弧线,长度相等,以确定袖宽尺寸;取袖口尺寸 8cm,做袖内缝线。袖口做弧线修正。

⑨做侧缝线和底摆线。底摆线与侧缝线圆角尺寸 3.5cm。

前片制图:

前片在后片基础上进行绘制,胸围线、袖长、袖口线等分别对应后片的相应部位。与后片不同之处:

①做前领口弧线。取前领宽等于后领宽,前领深等于(领宽 $+0.5cm)5.6cm$。

②做插肩弧线。插肩点在前领口弧线的上 $\frac{1}{3}$ 处。

插肩袖贴边制图:

在袖插肩线基础上做贴边,贴边宽 2cm,贴边上 2 粒扣,2 粒扣分别距上下边线 1.5cm。

衣身贴边制图:

在衣身插肩线和侧缝线基础上做衣身贴边,贴边宽 2cm,贴边上 3 个眼位,位置如图 2－5 所示。

侧缝里襟制图:

侧缝里襟宽 2cm,长 10cm,1 粒扣距下边线 2cm。

各部位绲边制图:

各部位绲边宽 0.8cm,里、面连裁,长度为各部位长度尺寸。

(二)睡袋衣

睡袋衣是适合婴儿睡觉和外出的服装,其结构特点应适应婴儿的睡眠,同时考虑外出时内穿服装的需要,因此应具有足够的围度松量与衣长松量。睡袋衣作为外衣穿着,应具有方便穿脱的特点。根据季节不同,材料可选用纯棉绒布、纯棉毛巾布或制作成带里料和絮片层的棉服。

(1)款式风格

宽松设计,罗纹领口,领部足够的空间适合婴儿颈部活动;长袖,罗纹袖口;前片偏襟设计,增加服装的平整性和保暖性,偏襟处橡胶按扣适合穿脱,五彩的按扣和绣花图案增加服装的活泼性(图2－6)。

图2－6　睡袋衣款式设计图

(2)适合年龄

出生至3个月左右的婴儿,身高59cm以下。

(3)规格设计

衣长长于体长,衣长＝59cm;

胸围＝净胸围40cm＋20cm放松量＝60cm;

肩宽＝总肩宽18cm＋5cm＝23cm;

袖长＝手臂长19cm＋5cm＝24cm;

袖窿深＝净袖窿深10cm＋7cm＝17cm;

领围＝颈根围23cm＋4cm＝27cm;

下摆围＝72cm;

袖口＝20cm。

(4)纸样设计图(图2－7)

后片制图:

①做上基础线。

②做胸围线。按袖窿深(净袖窿深＋7cm)17cm做胸围线。

③做后领口弧线。后领深为1cm,后领宽为($\frac{1}{5}$颈根围＋0.8cm)5.4cm。

④做后肩斜线。在$\frac{1}{2}$肩宽处取落肩尺寸2cm,连接侧颈点和肩端点。

⑤做衣身领口弧线。后领螺纹宽2cm,在后领口弧线基础上加宽、加深2cm,

⑥做背宽线。背宽线距肩端点1cm。

⑦做袖窿弧线。

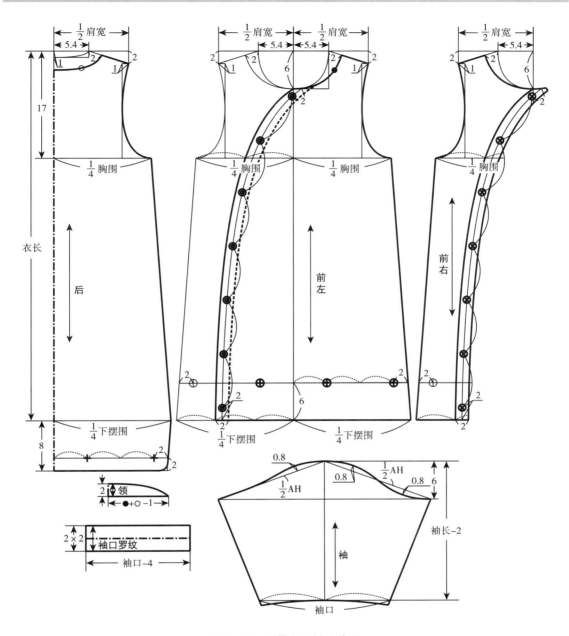

图 2 - 7 睡袋衣纸样设计图

⑧做下摆折边。后衣摆尺寸为 $\frac{1}{4}$ 下摆围,后衣长自底摆辅助线向下延长 8cm,侧缝处做圆角处理,底摆侧缝做反角处理,下摆眼位如图 2 - 7 所示。

前片制图:

前片在后片基础上进行绘制。与后片不同之处:

①做前领口弧线。前领宽等于后领宽,前领深为(领宽 +0.6cm)6cm。

②做前片下摆折边扣位。扣位和后片折边眼位相对应。

③做偏襟弧线。弧线起自前领中心点,过右片胸围$\frac{1}{2}$处和底摆的$\frac{1}{3}$处。

④做左右片贴边和扣位。贴边宽2cm,扣位如图2-7所示。

衣袖制图:

①确定袖山高。袖山高度影响手臂动作的幅度与袖肥,根据款型及年龄进行确定,本例取袖山高6cm。

②确定袖宽尺寸。前后袖山斜线分别为$\frac{1}{2}$AH(袖窿线)以此确定前后袖宽点。

③做袖山弧线。将前袖山斜线四等分,上$\frac{1}{4}$点外凸0.8cm,下$\frac{1}{4}$点内凹0.8cm,用光滑曲线连接袖山点、外凸点、二等分点、内凹点和袖宽点,完成前袖山弧线的绘制。后袖山弧线在上$\frac{1}{4}$点外凸0.8cm。

④做袖口线。取袖长24cm,袖口尺寸20cm被袖中线平分。修正袖口线。

领子制图:

①做水平线,长为后领弧和前领弧之和减1cm长度伸长量。

②在后中心处做垂直线,长度为后领宽2cm。

③做弧线形领上口线。

(三)披肩

披肩是适合婴儿外出穿着的服装,与传统的婴儿斗篷相比,在长度上要短,婴儿穿着起来既活泼可爱,又不容易弄脏。披肩有兜帽和绱领两种,适合于除盛夏以外的任何季节。披肩作为外衣穿着,多采用纽扣闭合形式。根据季节不同,可采用纯棉毛巾布、法兰绒、天鹅绒等,也可做成棉服等。

(1)款式风格

适合春秋穿着的带里婴幼儿披风,前中心门襟,单排两粒按扣设计,增加穿脱的方便性,兜帽设计增加外出的保暖性(图2-8)。

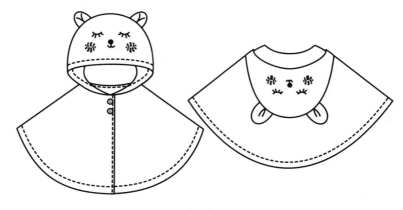

图2-8　披肩款式设计图

（2）**适合年龄**

3～24 个月的婴幼儿,身高 59～90cm。

（3）**规格设计**

衣长 = 背长 + 20cm（尺寸为设计量,可根据具体穿着季节设计）;

胸围 = 净胸围 + 16cm 放松量;

袖长 = 手臂长 + 2cm;

肩宽 = 实际肩宽 + 4cm 放松量;

领围 = 颈根围 + 4cm。

以 9 个月婴儿为例:

衣长 = 19cm + 20cm = 39cm;

胸围 = 44cm + 16cm = 60cm;

袖长 = 23cm + 2cm = 25cm;

肩宽 = 20.5cm + 4cm = 24.5cm;

领围 = 24.5cm + 4cm = 28.5cm。

（4）**纸样设计图**（图 2 － 9）

后片制图:

①做长方形。长方形宽为 $\frac{1}{4}$ 胸围尺寸 15cm,高为衣长 39cm。

②做背长线。取背长 19cm。

③做后领弧线。后领深为 2cm,后领宽为 $\frac{1}{5}$ 领围。

④做后肩斜线。在 $\frac{1}{2}$ 肩宽处取落肩尺寸 2cm,连接侧颈点和肩端点。

⑤确定袖斜和袖长。在后肩斜线的延长线上,自肩端点取袖长 25cm,做 1cm 垂线,连接垂点和肩端点。

⑥做底摆弧线。

前片制图:

前片在后片基础上进行绘制,背长线、袖斜线、底摆线等分别对应后片的相应部位。与后片不同之处:

①做前领口弧线。前领宽等于后领宽,前领深等于（领宽 + 0.5cm）6.2cm。

②做搭门线。搭门宽度 2cm。

③做贴边与扣位。贴边宽 4cm,第一粒扣距领口 1.5cm,扣间距 4cm。

帽片制图:

①拼合前后衣片。以侧颈点为对位点,将后衣身在前衣身的延长线上拼合。

②做帽下口线。在后颈点下部取帽座量 0.5cm,画顺帽下口线,使之与领口线等长。过帽口线做前中心线的垂线。

③做帽体辅助长方形。以帽座点所在的平面和前中心线的延长线为基础线做长方形,高和

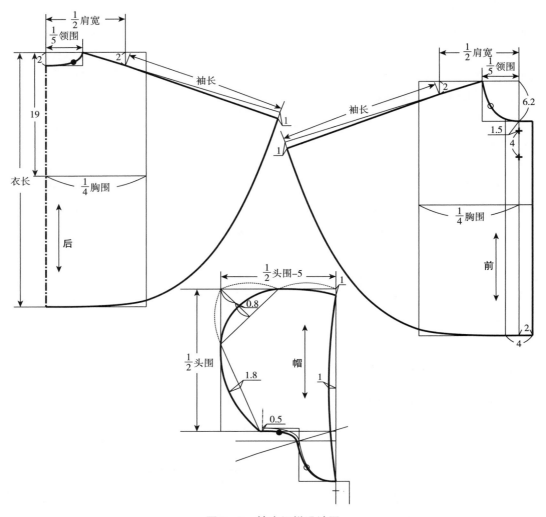

图 2－9　披肩纸样设计图

宽分别为 $\frac{1}{2}$ 头围和 $\frac{1}{2}$ 头围 -5cm。

④做帽顶及后中弧线。在后帽顶部取边长为 $\frac{1}{2}$ 帽宽尺寸做直角三角形,过斜边高的中点向下 0.8cm 处做圆弧,并将帽前部下落 1cm,画顺帽顶及前中弧线。直线连接直角三角形点和帽下口后中点,并在中点处外凸 1.8cm 做弧线,和帽顶弧线圆顺相接,完成帽片的制图。

第三节　婴儿裤装纸样设计

婴儿裤装形式有一片式裤装和两片式裤装,针对婴儿腹部凸出,款式主要分为普通裤装和连身裤装。根据裤口形式的不同,又分为连脚裤和散脚裤。在婴儿裤装设计中,应考虑加放尿布的量,因此长度方向和围度方向的量要足够大。面料根据季节不同而不同,夏季采用薄型机织纯棉平布、纯棉绒布、涤棉平布、薄型针织布等,春、秋、冬季采用纯棉纱卡、厚型绒布和灯芯绒等,也可制作成带有里料和絮料的棉裤。

婴儿裤装纸样设计尺寸有腰围、臀围、上裆、裤长、裤口等。由于婴儿使用尿布,且要求服装有较高的舒适性,因此婴儿裤装应有足够的松量,婴儿装臀部的松量应增加在围度和长度两个方面。

一、婴儿普通裤装纸样设计

上下分体的裤装结构对婴儿的生长发育束缚较大,穿着时裤腰正好捆在婴儿的胸腹位置,日积月累严重影响婴儿胸围的正常发育和肺活量的增加,因此裤装设计应尽量采用连体裤装。但普通裤装具有穿脱便利的特点,在婴儿装中仍然广泛采用。

(一)婴儿高腰开裆裤

（1）*款式风格*

婴儿高腰护肚针织开裆裤,腰部 1 + 1 宽罗纹腰,前片双层魔术贴黏合,松紧调节,舒适健康（图 2 – 10）。

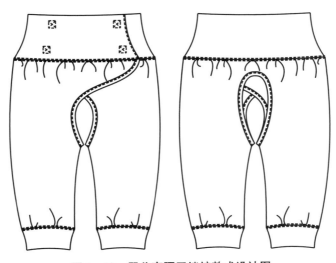

图 2 – 10　婴儿高腰开裆裤款式设计图

（2）*适合年龄*

新生儿 ~ 12 个月婴儿,身高 52 ~ 80cm。

（3）*规格设计*

裤长 = 上裆长 + 下裆长 + 6cm;

腰围 = 净腰围尺寸;

臀围 = 净腰围 + 10cm 放松量;

裤口 = 14 ~ 20cm,不同月龄、不同穿着状态取不同的数值。

以 3 个月婴儿为例:

裤长 = 13cm + 18cm + 6cm = 37cm；

腰围 = 44cm；

臀围 = 44cm + 10cm = 54cm；

腰到裆底尺寸 = 22cm；

裤口 = 14cm。

（4）**纸样设计图**（图2 - 11）

裤片制图：

①做长方形。长方形宽为$\frac{1}{2}$臀围27cm，高为24cm（裤长37cm - 腰头宽10cm - 裤口宽3cm），连接上下基础线的中点确定侧缝基础线。

②做裆底线。自上基础线向下12cm（腰到裆底尺寸 - 10cm腰头宽）确定裆底线。

③确定裤口尺寸。六等分$\frac{1}{2}$臀围，距侧缝基础线二等分点向前后中心量取2cm做垂线确定裤口尺寸。

④做裆部弧线。自上基础线向下量取3cm作为后裆开口止点，后裆宽2cm，做后裆弧线。前中重叠量10cm，自上基础线向下量取5cm作为前裆开口止点，前裆宽2cm，做前裆弧线。

⑤做前后内缝线。自前后裆宽点分别向裤口点做弧线。

腰头制图：

腰头长为64cm（腰围44cm + 10cm×2），宽为10cm。

裤口制图：

裤口长为14cm，宽为3cm。

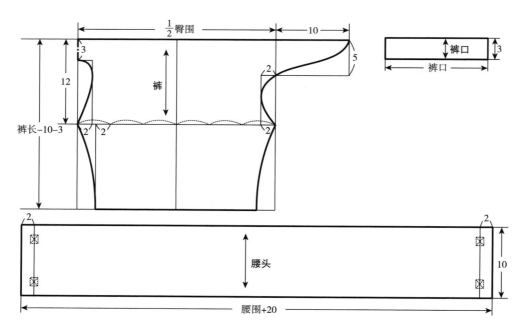

图2 - 11　婴儿高腰开裆裤纸样设计图

(二)一片式裤装

一片式裤装主要用于开裆裤和针织裤,可作为一片式裤装设计的基础纸样,也可加上腰头做成成品裤装。

(1)**款式风格**

宽松设计,腰部抽橡筋,裆部严密、合体,可做两用裆设计,无侧缝(图2-12)。

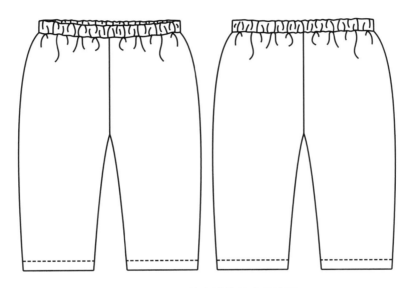

图2-12　一片式裤装款式设计图

(2)**适合年龄**

3～12个月的婴儿,身高59～80cm。

(3)**规格设计**

裤长＝身高×0.6－2cm＝38cm;

腰围＝净腰围－2cm(抽橡筋后尺寸);

臀围＝净臀围＋12cm放松量;

立裆长＝基本立裆长(14cm)＋2cm(不含腰头);

裤口由臀围尺寸确定。

以6个月婴儿为例:

裤长＝66cm×0.6－2cm＝38cm;

腰围＝净腰围(41cm)－2cm＝39cm(抽橡筋后尺寸);

臀围＝净臀围(41cm)＋12cm放松量＝53cm;

立裆长＝基本立裆长(14cm)＋2cm＝16cm(不含腰头);

裤口由臀围尺寸确定。

(4)**纸样设计图**(图2-13)

①做长方形。长方形宽为$\frac{1}{2}$臀围尺寸26.5cm,高为36cm(裤长38cm－2cm腰头宽)。

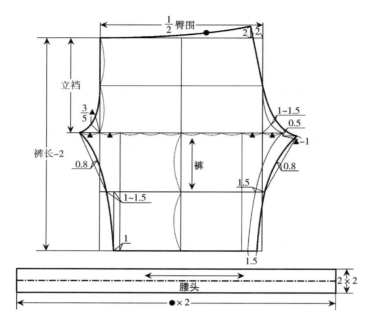

图 2 – 13　一片式裤装纸样设计图

②做横裆线。按立裆尺寸 16cm 确定横裆线。

③做臀围线。臀围线位于腰围辅助线至横裆线的 $\frac{1}{2}$ 处,提高臀围线的位置以增加裆部容量,适应婴儿的特殊需求。

④做小裆宽。前臀围尺寸四等分,小裆宽为其中的 $\frac{1}{4}$ 份,记作▲。

⑤做前裆弧线。做前裆宽和前中辅助线的角平分线,在角分线上取 $\frac{3}{5}$ ▲点作为小裆内凹点,直线连接前中心点和前臀围点,弧线连接前臀围点、小裆内凹点和小裆宽点,完成前裆弧线的绘制。

⑥确定前裤口尺寸。自侧缝线向前中心位置取($\frac{3}{4}$ 前臀围 + 1cm)尺寸作为前裤口尺寸。

⑦做前内缝线。因为婴儿生长发育较快,中裆线的确定难度较大,同时婴儿裤装比较宽松,因此采用横裆至裤摆的中分线作为中裆线。前中裆尺寸 = 前裤口尺寸 + (1 ~ 1.5)cm。直线连接裤口点和中裆点,弧线连接中裆点和小裆宽点,在中点处内凹 0.8cm。

⑧做腰围线。自腰围辅助线的后中心点向侧缝位置取 2cm,过该点做后裆起翘尺寸 2cm,弧线连接起翘点和前中心点。

⑨做后裆线。后裆宽在前裆基础上增加▲ – 1cm 的尺寸,落裆 0.5cm。沿角分线在前裆内凹点的基础上增加 1 ~ 1.5cm 作为大裆的内凹点(大裆内凹点的处理方法与其他年龄段的处理方法不同,目的是提供婴儿的尿布量)。过后裆起翘点、腰围线至横裆线的平分点、大裆内凹点和落裆点做后裆弧线。

⑩做后内缝线。后裤口尺寸在前裤口尺寸的基础上增加1.5cm,后中裆尺寸做同样的增加,直线连接裤口点和中裆点,弧线连接中裆点和落裆点,在中点处内凹0.8cm。

⑪做腰头。腰头宽2cm,里、面连裁,长度为腰围实际尺寸。

(三)两片式裤装

两片式裤装主要用于开裆裤和婴儿外裤。

(1)款式风格

宽松设计,腰部抽橡筋,裆部严密、合体,可做两用裆设计,有侧缝(图2－14)。

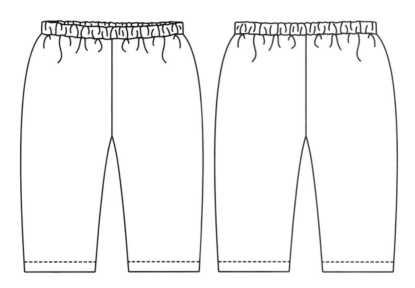

图2－14 两片式裤装款式设计图

(2)适合年龄

3～12个月婴儿,身高59～80cm。

(3)规格设计

裤长 = 身高×0.6－2cm = 38cm;

腰围 = 净腰围－2cm(抽橡筋后尺寸);

臀围 = 净臀围 + 12cm放松量;

立裆长 = 基本上裆长 + 2cm(不含腰头);

裤口尺寸在制图过程中计算确定。

以6个月婴儿为例:

裤长 = 66cm×0.6－2cm = 38cm;

腰围 = 净腰围(41cm)－2cm = 39cm(抽橡筋后尺寸);

臀围 = 净臀围(41cm) + 12cm = 53cm;

立裆长 = 基本立裆长(14cm) + 2cm = 16cm(不含腰头);

(4)**纸样设计图**(图2－15)

前片制图:

①做长方形。和一片式裤装不同的是,长方形宽采用$\frac{1}{4}$臀围为13.25cm。

②做横裆线。按立裆尺寸16cm确定横裆线。

③做臀围线。臀围线位于腰围辅助线至横裆线的$\frac{1}{2}$处。

④做挺缝线。前臀围尺寸四等分,距前中心第二等分的$\frac{1}{2}$点做垂线,与腰围辅助线和裤摆辅助线垂直相交。

⑤做腰围线。由于婴儿腹凸较大,因此在裤装结构设计中,其腰围尺寸等于臀围尺寸。

⑥确定小裆宽、绘制前裆弧线。前臀围尺寸四等分,小裆宽为其中的$\frac{1}{4}$份,记作▲。做前裆宽和前中辅助线的角分线,在角分线上取$\frac{3}{5}$▲点作为小裆内正点,过各点绘制前裆弧线。

⑦确定裤口尺寸。长方形前中辅助线至挺缝线之间的距离为$\frac{1}{2}$前裤口尺寸。

⑧做前内缝线。前中裆尺寸在前裤口尺寸的基础上分别加1cm,弧线连接小裆宽点、中裆点和裤口点,在中裆至横裆的中点处内凹0.5cm。

⑨做侧缝线。弧线连接腰围侧缝点、臀围侧缝点、中裆点和裤口点,侧缝线在横裆处自然圆顺。

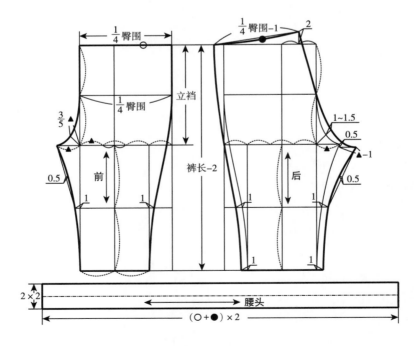

图2－15　两片式裤装纸样设计图

后片制图：

后裤片在前裤片的基础上进行绘制,腰围辅助线、臀围线、横裆线、中裆线、裤摆辅助线和挺缝线分别采用前片的相应部位。

①做腰围线。后裆起翘点在挺缝线至后中辅助线的中点,起翘量为 $2\mathrm{cm}$,过起翘点向腰围辅助线的延长线做斜线,斜线长等于 $\frac{1}{4}$ 臀围 $-1\mathrm{cm}$。

②做后裆线。后裆线做法同一片式裤装。

③做后内缝线。后裤口尺寸 $=(\frac{1}{2}$ 前裤口尺寸 $+1\mathrm{cm})\times2$,后中裆尺寸做同样尺寸的增加,弧线连接裤口点、中裆点和落裆点,中裆至横裆的中点处内凹 $0.5\mathrm{cm}$。

④做侧缝线。如图圆顺弧线连接腰围侧缝点、中裆侧缝点和裤口侧缝点。

⑤修正腰围线。在腰围斜线的基础上做弧线修正,弧线与侧缝线和后裆线垂直相交。

腰头制图：

腰头制图同一片式裤装。

在两片式裤装纸样设计时,应注意各部位尺寸吻合。前后侧缝线、下裆线基本等长,前后片腰围部位应圆顺(图 2 – 16)。

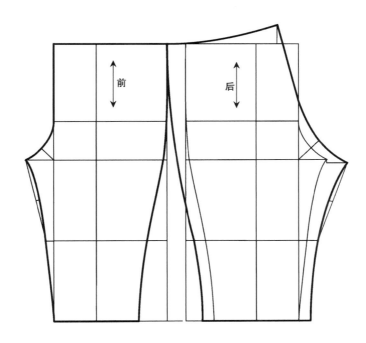

图 2 – 16　两片式裤装纸样对位图

(四)婴儿尿布裤

尿布裤是婴儿成长过程中不可缺少的用品,用于固定尿片,适合于新生儿至 12 个月婴儿。

（1）款式风格

天然彩棉尿布裤,魔术贴黏合可随意调节腰围大小,四周采用精致的绲边工艺,穿着舒适方便(图 2 - 17)。

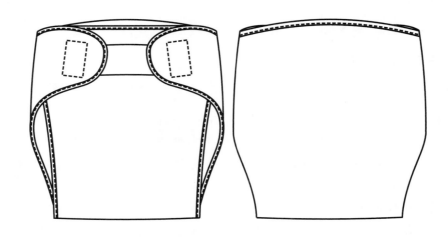

图 2 - 17　婴儿尿布裤款式设计图

（2）适合年龄

新生儿 ~9 个月婴儿,身高 52 ~73cm。

（3）规格设计

裤长 =（立裆长 +7cm）×2；

上宽 = 腰围 -2cm；

裆宽和下宽采用固定尺寸。

以 0 ~3 个月婴儿为例：

裤长 =（立裆长 13cm +7cm）×2 =40cm；

上宽 = 腰围(41cm) -2cm =39cm；

裆宽 =13cm；

下宽 =17cm。

（4）纸样设计图(图 2 - 18)

①做各平行线条。上基础线为上宽尺寸 39cm,距上基础线取长度尺寸 40cm 做下基础线,下基础线为下宽尺寸 17cm,取两线的中点做裆宽 13cm。

②做上宽弧线。上宽弧线倾斜度 1cm。

③做边缘轮廓弧线。腰部围边宽 7cm,按如图边缘形状做边缘弧线。

④确定橡筋位置。橡筋距上下边各为 2cm,长和裆宽相等。

⑤做边缘绲条。绲条长为边缘轮廓长度,宽 0.8cm,里、面连裁。

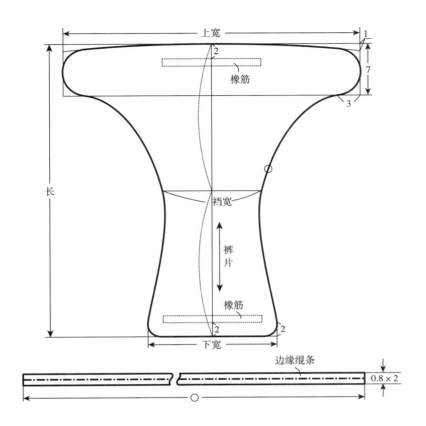

图 2 – 18　婴儿尿布裤纸样设计图

二、连身裤装纸样设计

从服饰卫生学的角度考虑,婴儿以穿着宽松型的纯棉连身裤为最佳。类似"襁褓"式的连身裤,胸部、裆部可随意打开,穿着、换洗极为方便,既能很好地保护婴儿的身体,又能调节体温,最关键的是十分有利于婴儿胸围和肺部的生长发育。因为婴儿的鼻腔、咽、气管和支气管均十分狭小,胸腔较小且呼吸肌较弱,主要靠膈肌呼吸。仔细观察婴儿的腹部,能明显看出婴儿呼吸的节律。连身裤对婴儿的身躯没有任何束缚,对婴儿的腹式呼吸极为有利。按照季节的不同,可做成单的、夹的或棉的。同时,随着婴儿逐渐长大,上肢向上的运动逐步增加,连身裤彻底解决了上肢运动带来的上衣向上提升使婴儿腹部外露以致着凉这一问题,十分科学实用。20 世纪初的欧洲,婴儿就流行穿称之为 rompers 的连身裤,并沿用至今,不断发展完善。面料可选用纯棉平布、绒布、斜纹布、细灯芯绒、柔软薄牛仔等。

连身裤装通常包含背带裤和连体裤。

（一）背带裤

背带裤是对装有挡胸布的裤装的总称。对于没有取掉尿布的婴儿,前后下裆用按扣开闭,以方便换尿布。裤长可根据季节和成长阶段来选择,婴儿期学走路容易摔倒,裤子长度不宜太长。设计时,若非常宽松,在袖窿处应加松紧带;若较合体,为方便穿着,可加按扣。背带裤吊带的长度可以调节,以适应儿童生长的需要,同时吊带也可具有一定的装饰性。

(1) 款式风格

无领,无袖,衣身与裤装相连,裆部用按扣开合,腰部抽橡筋(图2－19)。

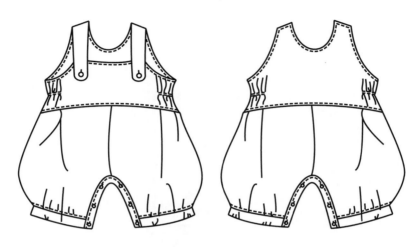

图2－19　背带裤款式设计图

(2) 适合年龄

3~12个月婴儿,身高59~80cm。

(3) 规格设计

上衣长 = 背长 + 3cm;

胸围 = 净胸围 + 22cm 放松量;

臀围 = 胸围;

领围 = 颈根围 + 1cm;

总肩宽 = 肩宽 + 4cm;

袖窿深 = 净袖窿深 + 5cm;

上裆长 = 基本上裆长 + 2cm;

裤长 = 上裆长 + $\frac{1}{2}$下裆长(裤长为半长裤)。

以12个月婴儿为例:

上衣长 = 20cm + 3cm = 23cm;

胸围 = 48cm + 22cm = 70cm;

臀围 = 胸围 = 70cm;

领围 = 25.5cm + 1cm = 26.5cm;

总肩宽 = 22cm + 4cm = 26cm;

袖窿深 = 11.5cm + 5cm = 16.5cm;

立档长 $= 16\text{cm} + 2\text{cm} = 18\text{cm}$；

裤长 $= 18\text{cm} + \dfrac{1}{2} \times 31\text{cm} = 33.5\text{cm}$。

（4）纸样设计图（图 2 − 20）

上衣后片制图：

①做长方形。长方形宽为 $\dfrac{1}{4}$ 胸围 17.5cm，高为背长 20cm。

②做后片基本形。袖窿深为（净袖窿深 +5cm）16.5cm，后领宽为（$\dfrac{1}{5}$ 领围）5.3cm，后领深

1cm，在 $\dfrac{1}{2}$ 肩宽处取落肩 1.5cm，背宽为后肩宽 − 1.5cm。

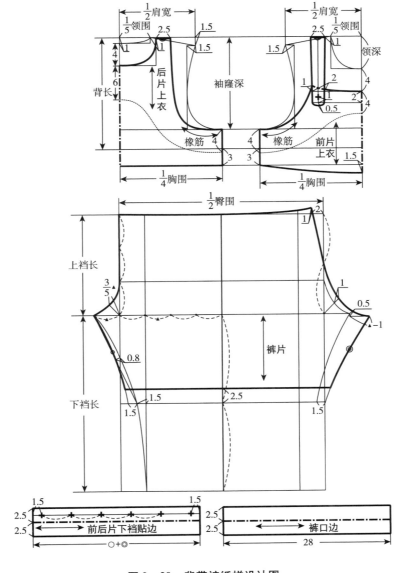

图 2 − 20　背带裤纸样设计图

③做上衣衣摆线。自背长线向下取 3cm 做上衣衣摆线。

④做后片护胸。后片护胸的领宽点为自侧颈点沿肩线移下 1cm,领深点沿后中辅助线移下 4cm,背带宽为 2.5cm。

⑤做护胸贴边。护胸后中心宽度为 6cm,侧缝处宽度为 4cm。

上衣前片制图:

①做前片基本形。婴儿装前后片基本形基本相同,不同之处是前领深为前领宽 + 0.5cm。各部位对应于后片的相应部位。

②做上衣衣摆线。前片设计 1.5cm 的腹凸量。

③做前片护胸。护胸领宽、背带宽同后片,领深自基本型领深点下落 4cm。领深线上的背带宽 2cm,延长背带长 2cm 作为调节量,护胸的宽度以背带的位置为基准,沿背带线向上 1cm 做弧线,做护胸袖窿弧线。

④做护胸贴边。前中心宽度为 4cm,侧缝处宽度为 4cm。

⑤前片背带与后片背带在肩线处合并。

裤子制图:

在基本型裤装的基础上进行制图,基本型裤装同一片式裤装,不同之处:

①长方形尺寸。长方形宽为 $\frac{1}{2}$ 臀围 35cm,高为（上裆长 18cm + 下裆长 31cm）49cm。

②横裆线。按上裆尺寸 18cm 做横裆线。

③后裆起翘量。本例裤装比较宽松,后裆起翘量取 1cm。

④本例裤长是中长裤,取中裆位置作为裤摆线,前裤口尺寸在基本中裆尺寸的基础上展开 1.5cm,裤口边宽度为 2.5cm。

贴边制图:

①做下裆贴边。前后片下裆贴边的长度根据实际制图测量,宽 2.5cm,里、面连裁。

②做裤口边。裤口边根据大腿根围确定,12 个月婴儿大腿根围的尺寸约为 27cm,为使婴儿在穿衣时不受阻碍,贴边的长度定为 28cm,宽为 2.5cm,里、面连裁。

（二）连体裤装

连体裤装指裤子和衣身相连的服装,既能适合儿童凸出的腹部,增强舒适性,同时在婴儿外出时又能增加保暖性,是一种非常实用的婴儿装。年龄较小的婴儿可以设计成连脚裤,既保暖又适于婴儿站立。

1. 扁领婴儿连体裤

（1）款式风格

婴儿连体裤,扁领,八分袖八分裤设计,袖口、裤口 1 + 1 罗纹边,前中心直通门襟,5 粒扣系结;下裆开口系扣;椭圆裆型,方便舒适,款式简洁实用（图 2 – 21）。

（2）适合年龄

3 ~ 12 个月婴儿,身高 59 ~ 80cm。

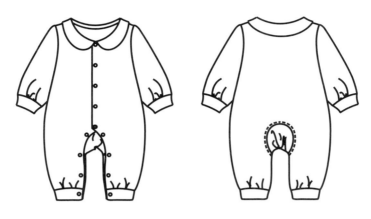

图 2 - 21　扁领婴儿连体裤款式设计图

（3）规格设计

裤长 = 身高 ×0.8 + 2cm；

胸围 = 净胸围 + 12cm 放松量；

臀围 = 胸围 + 8cm；

袖长 = 手臂长 − 3cm；

领围 = 颈根围 + 2.5cm；

肩宽 = 总肩宽 + (0.5 ~ 1)cm；

以身高 80cm 婴儿为例：

裤长 = 身高 80cm ×0.8 + 2cm = 66cm；

胸围 = 净胸围 48cm + 12cm = 60cm；

臀围 = 胸围 60cm + 8cm = 68cm；

袖长 = 手臂长 25cm − 3cm = 22cm；

领围 = 颈根围 25cm + 3cm = 28cm；

肩宽 = 总肩宽 24.4cm + 0.6cm = 25cm；

袖窿深取值 15cm，袖口宽取固定值 8.5cm，裤口宽取固定值 10cm。

（4）纸样设计图（图 2 - 22）

后片制图：

①做上下基础线。自上基础线向下取 63cm（裤长 66cm − 3cm）做下基础线。

②做后中心线。连接上下基础线。

③做胸围线。自上基础线向下取袖窿深 15cm 做胸围线，后胸围尺寸为 15cm（$\frac{1}{4}$胸围），自侧缝胸围点向下基础线做侧缝基础线。

④做横档线。自胸围线向下量取 20cm 做横档线，后臀围尺寸为 17cm（$\frac{1}{4}$臀围）。

⑤做开档线。自横档线向下 9cm 做开档线，档部最宽处在 $\frac{1}{2}$ 处，档宽 5.5cm。

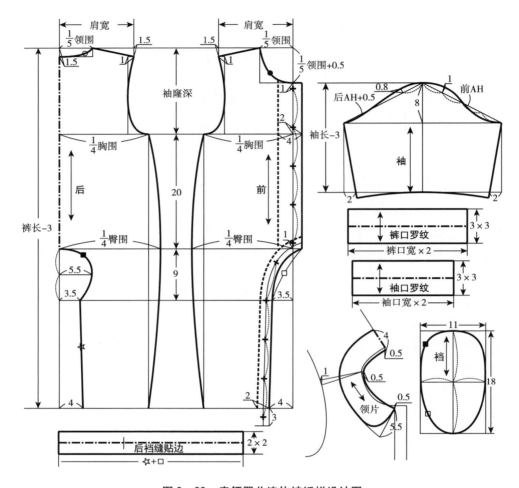

图 2－22　扁领婴儿连体裤纸样设计图

⑥做后领弧线。后领宽为 5.6cm（$\frac{1}{5}$领围），后领深 1.5cm。

⑦做后肩斜线。在 $\frac{1}{2}$肩宽处取落肩尺寸 1.5cm。

⑧做背宽线与袖窿弧线。背宽线距肩端点 1cm。

⑨确定裤口尺寸，做侧缝线和内缝线。在开裆线上自后中心线取 3.5cm，在下基础线上，自后中心线取 4cm，连接两点做内缝线。连接胸围侧缝点、臀围侧缝点和侧缝基础线与下基础线的交点做侧缝线。

前片制图：

上基础线、胸围线、横裆线、开裆线、下基础线和后片做法相同，胸围尺寸、臀围尺寸、肩线、胸宽线的绘制和后片相同。

①做搭门线。搭门宽 2cm。

②做前领弧线。前领宽等于后领宽，前领深等于（领宽 +0.5cm）6.3cm。

③做前内缝线。横裆处内缝线距前中线 3.5cm,裤口处距前中线 4cm。

④做前中心扣位。第一粒扣距领口弧线 1cm,最后一粒扣距横裆线 1cm,其他扣间距相等。

⑤做下裆扣位。最后一粒扣在罗纹裤口的中点,其他扣间距相等。

⑥做贴边。前门贴边宽 4cm,下裆贴边宽 2cm。

⑦做罗纹裤口。罗纹裤口长为 20cm,宽为 3cm。

裆片制图:

裆片宽 11cm,长 18cm,前后片长度均分,裆片各部位尺寸与前后裤片相应部位相等。

后裆缝贴边制图:

长为后下裆缝与前裆片弧线长度之和,宽为 2cm,里、面连裁。

衣袖制图:

①做上基础线。

②做下基础线。自上基础线向下取 19cm(袖长 22cm – 3cm 罗纹袖口宽)。

③做袖山弧线。袖山高 8cm,前袖山斜线长为前袖窿弧长,后袖山斜线长为后袖窿弧长 + 0.5cm,袖山弧线作图如图 2 – 22 所示。

④确定袖口尺寸。自前后袖肥点分别向下基础线做垂线,分别自交点向袖中线方向取 2cm,修顺袖口弧线。

⑤做罗纹袖口。罗纹袖口长为 17cm,宽为 3cm。

衣领制图:

①做肩部重叠量。前后片颈侧点对位,肩部重叠量为 1cm。

②做装领线。自后中心点挪出 0.5cm,领宽处挪出 0.5cm,前领深挪下 0.5cm,做圆顺装领弧线。

③后领宽 4cm,前领宽 5.5cm,做领外轮廓线。

2. 婴儿开裆连身裤

(1) 款式风格

婴儿开裆连身裤,无领,长袖,袖口罗纹边,前中心直通门襟,4 粒扣系结;开裆增加婴儿清洁的方便性;连脚设计,增加保暖性,款式简单实用(图 2 – 23)。

(2) 适合年龄

3 ~ 6 个月婴儿,身高 59 ~ 66cm。

(3) 规格设计

裤长 = 身高 × 0.9 – (1 ~ 2) cm;

胸围 = 净胸围 + 12cm 放松量;

臀围 = 胸围 + 8cm;

袖长 = 手臂长;

领围 = 颈根围 + 2.5cm;

肩宽 = 总肩宽 + (0.5 ~ 1) cm;

以身高 66cm 婴儿为例:

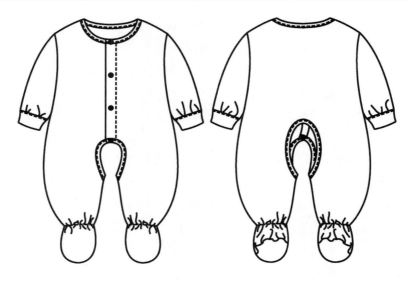

图 2 – 23　婴儿开裆连身裤款式设计图

裤长 = 身高 66cm × 0.9 – (1 ~ 2) cm = 58cm;

胸围 = 净胸围 44cm + 12cm = 56cm;

臀围 = 胸围 56cm + 8cm = 64cm;

袖长 = 手臂长 21cm;

领围 = 颈根围 23.5cm + 2.5cm = 26cm;

肩宽 = 总肩宽 19cm + 1cm = 20cm;

袖窿深取值 14cm,袖口宽取固定值 8cm。

(4)纸样设计图(图 2 – 24)

后片制图:

①做上下基础线。自上基础线向下取 58cm 裤长尺寸做下基础线。

②做后中心线。连接上下基础线。

③做胸围线。自上基础线向下取袖窿深 14cm 做胸围线,后胸围尺寸为 14cm($\frac{1}{4}$胸围)。

④ 做开裆线。自上基础线向下 40cm(背长 + 上裆 + 6cm)做开裆线,取臀围尺寸 16cm($\frac{1}{4}$臀围)。

⑤做后领弧线。后领宽为 5.2cm($\frac{1}{5}$领围),后领深 1.5cm。

⑥做后肩斜线。在 $\frac{1}{2}$肩宽处取落肩尺寸 1cm。

⑦做背宽线与袖窿弧线。背宽线距肩端点 1cm。

⑧做后裆。自开裆线向上 14cm、宽 4cm 做后裆弧线。

⑨确定裤口尺寸,做侧缝线和内缝线。在开裆线上自后中心线取 1cm,过该点和臀围点的中点做裤中线,裤口宽 10cm,做内缝线和侧缝线。

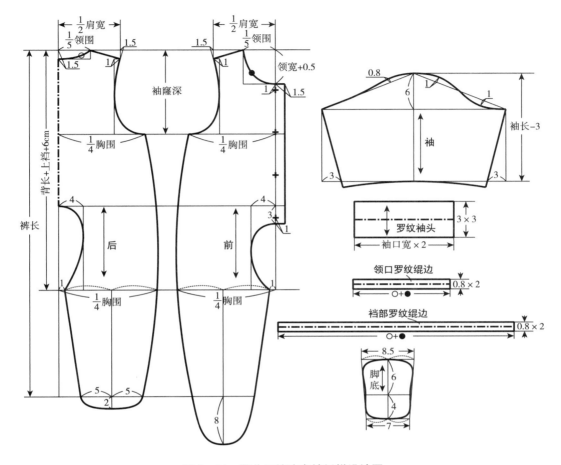

图 2 - 24　婴儿开档连身裤纸样设计图

⑩做后片连脚弧线。延长裤中线 2cm,做后片弧线。

前片制图:

上基础线、胸围线、开档线、下基础线和后片做法相同,胸围尺寸、臀围尺寸、肩线、胸宽线、侧缝线、内缝线的绘制和后片相同。

①做搭门线。搭门宽 1.5cm。

②做前领弧线。前领宽等于后领宽,前领深等于(领宽 +0.5cm)5.7cm。

③做前档。自横档线向下取 3cm 做前档弧线。

④做前中心扣位。第一粒扣距领口弧线 1cm,最后一粒扣距开档线 1cm,其他扣间距相等。

⑤做前片连脚弧线。延长裤中线 8cm,做前片弧线。

脚底片制图:

①做梯形。梯形上底为 8.5cm,下底为 7cm。

②做脚心线。脚心线距上底 6cm。

③做脚底片轮廓线。分别过梯形上下底的中点做脚底片轮廓线,脚心线处内凹 0.2cm。

衣袖制图:

①做上基础线。

②做下基础线。自上基础线向下取 18cm(袖长 21cm −3cm 罗纹袖口宽)。

③做袖山弧线。袖山高 6cm,前袖山斜线长为前袖窿弧长,后袖山斜线长为后袖窿弧长,袖山弧线作图如图 2 −24 所示。

④确定袖口尺寸。自前后袖肥点分别向下基础线做垂线,分别自交点向袖中线方向取 3cm,修顺袖口弧线。

⑤做罗纹袖口。罗纹袖口长为 16cm,宽为 3cm。

第四节　婴儿连衣裙纸样设计

婴儿连衣裙是最适合婴儿穿的服装之一,宽松的放量、舒适的结构设计毫不阻碍婴儿的身心发展。婴儿连衣裙开口既可在前面,也可在后面,根据不同育儿习惯,婴儿仰卧时,前面开口较合适,婴儿俯卧时,后面开口对肌肤刺激较小。婴儿服装无论男女,多将左衣片做成门襟,主要和母亲用右手开合门襟有关,需要区分性别时,也可男左女右来留门襟。婴儿服装洗涤较频繁、剧烈,在工艺上应注意密缝,不留线头。面料可选用纯棉平布、绒布、泡泡纱、涤棉平布、薄型针织布等。婴儿肌肤娇嫩,在制作时不用衬布。袖口橡筋应选用细软的材料,并加足够的放松量,使手腕处的肌肉不致勒紧。

一、小兔子连衣裙

(1)款式风格

小兔子图案装饰吊带裙,前片腹部以上有横向分割线,分割线下抽褶,采用精梳棉面料,舒适、透气、活动方便(图 2 −25)。

图 2 −25　小兔子连衣裙款式设计图

（2）**适合年龄**

3～12 个月婴儿,身高 59～80cm。

（3）**规格设计**

裙长 = 身高 ×0.6 ±（1～2）cm;

胸围 = 净胸围 +12cm 放松量;

袖窿深 = 净袖窿深 +3cm。

以 6 个月婴儿为例:

裙长 = 身高 66cm ×0.6 ±（1～2）cm =38cm;

胸围 = 净胸围 44cm +12cm =56cm;

袖窿深 = 净袖窿深 10.5cm +3cm =13.5cm。

（4）**纸样设计图**（图 2 –26）

前后片制图:

①做上下基础线。自上基础线向下取 38cm 裙长尺寸做下基础线。

②做后中心线。连接上下基础线。

③做胸围线。自上基础线向下取袖窿深 13.5cm 做胸围线,后胸围尺寸为 14cm（$\frac{1}{4}$胸围）。

④做挡胸上边线。自胸围线向上取 7.5cm 做挡胸上边基础线,宽 8cm,订带宽度 2cm,订带处起翘 0.5cm,订带处直线,其他部位弧线。

⑤做腹部分割线。自胸围线向下 3cm 做腹部分割线。

⑥做后中心褶量。后中心褶量 5cm。

⑦做裙摆线。裙摆侧缝处展开 3cm。

⑧做挡胸贴边。贴边宽 2cm。

吊带制图:

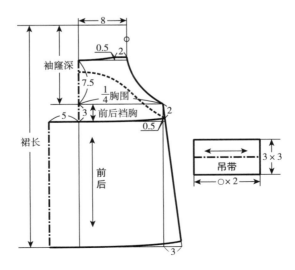

图 2 –26　小兔子连衣裙纸样设计图

吊带长为挡胸至肩部尺寸,宽3cm,里、面连裁。

二、婴儿背心裙

(1) 款式风格

有机彩棉婴儿纱布裙,A型结构,胸、背部弧线形分割,分割线下抽褶,肩部系扣方便穿脱,领部和袖窿部位绳边,舒适、透气、活动方便(图2-27)。

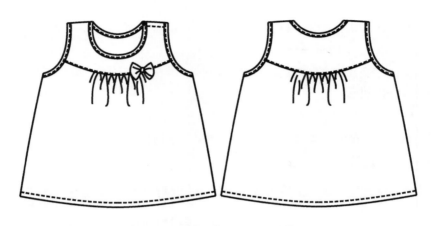

图2-27　婴儿背心裙款式设计图

(2) 适合年龄

6～12个月婴儿,身高66～80cm。

(3) 规格设计

裙长 = 身高×0.5;

胸围 = 净胸围+8cm 放松量;

领围 = 颈根围+2cm;

肩宽 = 总肩宽-4cm;

袖窿深 = 净袖窿深+3cm。

以12个月婴儿为例:

裙长 = 身高80cm×0.5 = 40cm;

胸围 = 净胸围48cm+8cm = 56cm;

领围 = 颈根围25.5cm+2cm = 27.5cm;

肩宽 = 总肩宽24.4cm-4cm = 20.4cm;

袖窿深 = 净袖窿深11.5cm+3cm = 14.5cm。

(4) 纸样设计图(图2-28)

后片制图:

①做上下基础线。自上基础线向下取40cm裙长尺寸做下基础线。

②做后中心线。连接上下基础线。

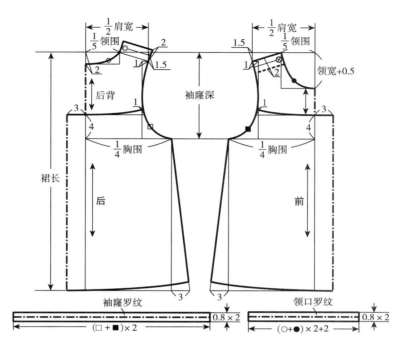

图 2－28　婴儿背心裙纸样设计图

③做胸围线。自上基础线向下取袖窿深 14.5cm 做胸围线,后胸围尺寸为 14cm($\frac{1}{4}$胸围)。

④做后领口弧线。领宽 5.5cm($\frac{1}{5}$领围),领深 2cm。

⑤做后肩斜线。在 $\frac{1}{2}$ 肩宽处取落肩尺寸 1.5cm。

⑥做背宽线与袖窿弧线。背宽线距后肩端点 1cm。

⑦做胸部弧形分割线。后中心线上分割线距胸围线 4cm,袖窿处起翘 1cm。

⑧做后中心褶量。褶量 3cm。

⑨做底摆线、侧缝线。底摆展开量为 3cm。

⑩做肩部贴边和扣位。贴边宽 2cm。注意贴边形状和前片相同。

前片制图:

上基础线、胸围线、胸部弧形分割线、下基础线和后片做法相同,领宽、胸围、肩线、胸宽线、前中心褶量、底摆等各部位尺寸和后片相同。

①做前领弧线。前领宽等于后领宽,前领深等于(领宽 +0.5cm)6cm。

②做肩部贴边和扣位。贴边宽 2cm。

领口罗纹制图:

领口罗纹长为领口弧线尺寸 +2cm 肩部里襟宽度,宽 0.8cm,里、面连裁。

袖窿罗纹制图:

袖窿罗纹长为袖窿弧线尺寸，宽0.8cm，里、面连裁。

第五节　婴儿配饰纸样设计

一、围兜

　　婴儿在牙齿生长阶段经常有口水流出，自己能吃饭时，服装也容易脏，所以围兜是婴儿必备的配饰品之一。因功能需要，围兜多在背部开口，可采用纽扣，也可采用系带的形式。围兜多使用纯棉平布、绒布、涤棉布等较柔软的薄型面料。

（一）围兜款式1

　　（1）**款式风格**

　　结构简单，颈部和腰部系带（图2－29）。

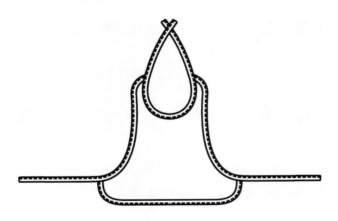

图2－29　围兜款式1设计图

　　（2）**适合年龄**

　　3～12个月婴儿，身高59～80cm。

　　（3）**规格设计**

　　前衣长＝背长＋3cm；

　　胸围＝净胸围＋14cm放松量；

　　袖窿深＝净袖窿深＋5cm；

　　肩宽＝总肩宽＋2cm。

　　以6个月婴儿为例：

　　前衣长＝18cm＋3cm＝21cm；

　　胸围＝44cm＋14cm＝58cm；

　　袖窿深＝10.5cm＋5cm＝15.5cm；

肩宽 = 19cm + 2cm = 21cm。

（4）纸样设计图（图 2 – 30）

后衣片基础型制图：

①做长方形。长方形宽为$\frac{1}{4}$胸围 14.5cm，高为背长 18cm。

②做胸围线。按袖窿深 15.5cm 做胸围线。

③做后领弧线。后领宽为（$\frac{1}{5}$颈根围 + 0.2cm）4.9cm，后领深为 1.5cm。

④做后肩线。在$\frac{1}{2}$肩宽处取落肩尺寸 1.5cm。

⑤做背宽线。背宽线距后肩端点 1cm。

⑥做袖窿弧线。

前衣片基础型制图：

前片胸围线、领宽线、前肩线、背长线的做法同后片相应部位的制图方法。不同之处：

①做胸宽线。胸宽线距前肩端点 1.5cm。

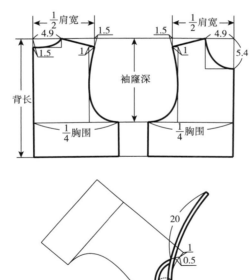

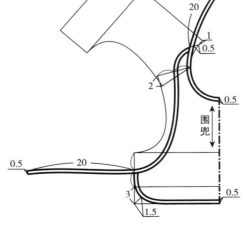

图 2 – 30　围兜款式 1 纸样设计图

②做前领口弧线。前领宽等于后领宽,前领深为(前领宽+0.5 cm)5.4cm。

③做前片底摆线。前片底摆线比后片长3cm。

围兜制图:

①复制前衣片和后衣片。后片与前片在颈侧点对齐,在肩点处重叠2cm。

②做侧缝弧线。在前片侧缝线上,取胸围线到背长线的中点、前小肩斜线的中点、后领口弧线上距后领中点1cm的点,做如图弧线连接。做与侧缝绳边相连的带子,带子宽0.5cm,长20cm。

③做领部弧线。在侧缝弧线上,取与后领弧线交点0.5cm的点,过该点、颈侧点和前领深点做弧线,做与领圈绳边相连的带子,带子宽0.5cm,长20cm。

④做底摆弧线。底摆在侧缝处圆角处理,弧线点在角分线1.5cm处。做下摆绳边,绳边宽0.5cm。

(二)围兜款式2

(1)**款式风格**

颈部系带的简单结构设计(图2-31)。

(2)**适合年龄**

3~12个月婴儿,身高59~80cm。

(3)**规格设计**

前衣长=背长。

以6个月婴儿为例,前衣长=背长=18cm。

(4)**纸样设计图**(图2-32)

图2-31　围兜款式2设计图

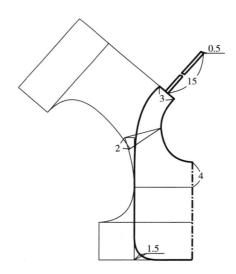

图2-32　围兜款式2纸样设计图

①做前后衣片基础型。前后衣片基础型同图2-30前后衣片基础型制图方法。

②复制前衣片和后衣片,做法同图 2 - 30。

③做侧缝弧线。延长胸宽线和衣摆线相交;在前中心线上,自前领深点向下取 4cm 做水平线与胸宽线相交,侧缝线自该点以上起弧;在后中心线上,自后领中点向下取 3cm;过以上几点做如图弧线,在底摆线和侧缝线的角分线上内凹 1.5cm。

④做后中心系带。带宽 0.5cm,长 15cm。

(三)围兜款式 3

(1)款式风格

后背系扣,肩部蕾丝花边装饰,侧缝系带(图 2 - 33)。

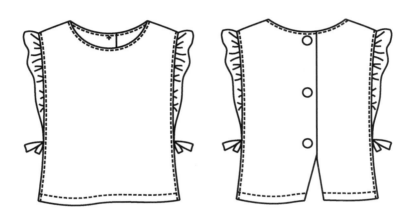

图 2 - 33　围兜款式 3 设计图

(2)适合年龄

6 ~ 12 个月婴儿,身高 66 ~ 80cm。

(3)规格设计

前衣长 = 背长 + 3cm;

胸围 = 净胸围 + 14cm 放松量。

以 6 个月婴儿为例:

前衣长 = 18cm + 3cm = 21cm;

胸围 = 44cm + 14cm = 58cm。

(4)纸样设计图(图 2 - 34)

①做前后衣片基础型。制图方法与图 2 - 30 前后衣片基础型基本相同,不同之处是:后衣片在背长基础上加长 3cm,和前片等长。

②复制前衣片和后衣片,做法同图 2 - 30。

③做侧缝线。自胸宽线和胸围线的交点向前中心方向量取 0.5cm 做垂线,和肩线相交,过交点做后片底摆线的垂线。自肩线交点分别向两线量取 5cm 做弧线,与两垂线圆顺相接。

④做侧缝系带。侧缝系带长 20cm,宽 0.5cm,位置分别在前后胸围线至背长线的 $\frac{1}{2}$ 处。

⑤做搭门线。搭门宽1.5cm。

⑥确定扣位。第一粒扣距后领口1cm,第三粒扣位置与后片侧缝系带平齐。

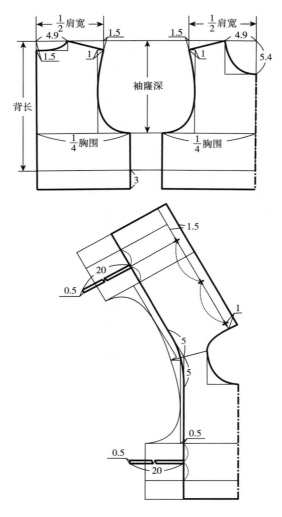

图2-34　围兜款式3纸样设计图

二、婴儿帽

婴儿帽对保护婴儿娇嫩头部不受外界刺激、保温以及遮挡直射的日光非常必要。在不同月龄、不同季节,婴儿帽款式有所不同,所需材料也不同。夏季,面料和里料可选用吸湿、透气性较好的纯棉制品如纯棉平布、纯棉泡泡纱等;冬季,里料仍选用柔软的纯棉制品,面料可采用较厚、保暖性较好的棉织物和薄型羊毛织物。设计帽子时必不可少的尺寸是头围尺寸。

(一)刚出生的婴儿帽

（1）款式风格

结构简单,蕾丝花边装饰(图2-35)。

（2）**适合年龄**

3 ~ 6 个月婴儿,头围 40 ~ 42cm。

（3）**规格设计**

以 3 个月婴儿为例,头围 = 40cm。

（4）**纸样设计图**（图 2 － 36）

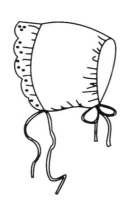

图 2 － 35　　刚出生的婴儿帽款式设计图

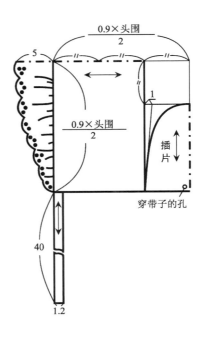

图 2 － 36　　刚出生的婴儿帽纸样设计图

①做正方形。正方形边长为 $\dfrac{0.9 \times 头围}{2}$,正方形的上边线为帽顶辅助线,左边线为前中辅助线。

②做帽围。正方形帽顶辅助线 3 等分,过第 2 等分点做垂线,垂线与前中辅助线围成的长方形为帽围。

③做帽底插片。在正方形第 2 等分点垂线上,自帽顶辅助线向下量取 $\dfrac{1}{3}$ 正方形边长的长度,过此点做水平线,在水平线上,取 1cm 点,和下边线的 $\dfrac{1}{3}$ 点相连,做帽底插片弧线。

④做系带。颈部系带长 40cm,宽 1.2cm。

⑤确定蕾丝花边的长度。蕾丝花边长为 1.5 × 0.9 × 头围尺寸。

(二)针织帽

（1）**款式风格**

用伸缩性好的针织面料制作,侧缝处配 2 个绒球,帽口折边 2 次(图 2 － 37)。

图2-37　婴儿针织帽款式设计图

（2）适合年龄

3～12个月婴儿，头围40～46cm。

（3）规格设计

以12个月婴儿为例，头围=46cm。

（4）纸样设计图（图2-38）

①做长方形。长方形宽为0.9×头围尺寸，高为 $\frac{1}{4}$ 头围+1cm+6cm。用伸缩性好的针织面料制作，为使头部合体，围度比头围稍小些。

②做帽围。把长方形上下边线4等分，并作垂线，$\frac{1}{2}$ 点的垂线为前中心线。前后 $\frac{1}{4}$ 垂线分别向上延长3.5cm。在长方形左右边线上，分别自上边线向下取2cm，该点与3.5cm的延长点相连。在上边线上，自左右两点分别向中心位置取1cm，做帽顶弧线和侧缝弧线。

③做翻折线。自下边线向上量取3cm做翻折线；继续向上量取3cm做帽口线。帽口折边2次。

④做绒线球。帽顶两侧做直径为2cm的绒线球装饰。

⑤前中、侧缝连裁，后中心缝合，前中心距帽顶5cm以上做省。

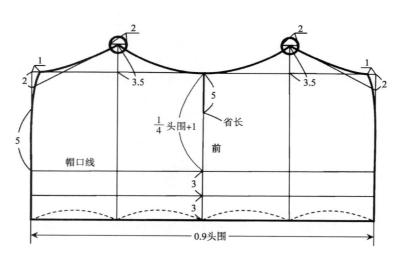

图2-38　婴儿针织帽纸样设计图

第三章　1~12周岁儿童上衣纸样设计

上衣是人体躯干覆盖物的总称,通常,其长度由肩部至腰围线或臀围线附近。包括普通上装、T恤衫、毛衣、罩衫、夹克、大衣等。

根据穿着目的和穿着状态的不同,上衣选择面料的标准也不同。日常穿着的服装选用吸湿性好、耐洗涤且耐磨损的天然纤维织物比较舒适,如棉织物,但棉织物具有易缩水、易出皱褶等特点。涤纶或其他化纤面料洗后易干、不易出皱褶、耐磨损、强度较大,但吸湿性差,易起静电。因此,童装内衣应选择纯棉织物,外衣可采用棉与化纤的混纺面料。

第一节　儿童服装原型

原型在平面裁剪上,是自内衣至外套服装制图的基础。儿童时期是人一生中成长发育最快的时期,各个年龄段的儿童所使用的原型有所不同。童装原型分为1~12周岁的儿童服装原型和13~15周岁的少女装原型。

儿童服装原型的对象是1~12周岁的男女儿童。儿童的体型与成人不同,从婴儿期到幼儿期,男女儿童均以挺身凸腹、带圆润感的体型为主;学童期,男女差异会逐渐显现出来,而童装原型能满足不同年龄儿童的体型和动作,并且制图尺寸少,制图方法简单、容易操作,可用于各种款式童装的设计。

童装衣身原型制图所需尺寸为穿着内衣后所测量的胸围尺寸和背长尺寸,在净胸围基础上加放14cm,以适应儿童身体的成长及较大的运动量。

袖子原型是以衣身的袖窿尺寸与袖长作为基本尺寸进行制图的。

一、童装原型各部位的名称

为制图方便,应确定原型衣身和袖子各部位的名称(图3-1、图3-2)。

二、童装原型的立体构成

童装原型的立体构成形式是前衣身采用梯式原型,即将前衣身胸围线以上的浮起余量全部拔至胸围线以下。后衣身采用箱式原型,即将后衣身背宽线以上的浮起余量全部拔至肩缝线上,用省或缩缝量进行处理。故童装原型的胸围放松量取14cm。

三、童装原型的平面构成

童装主要部位参考尺寸如表3-1所示。

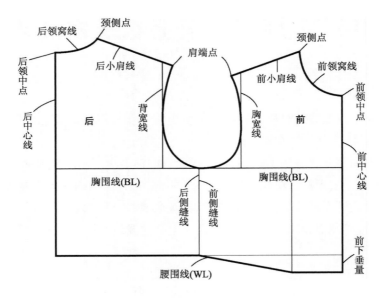

图 3-1　儿童原型衣身各部位名称

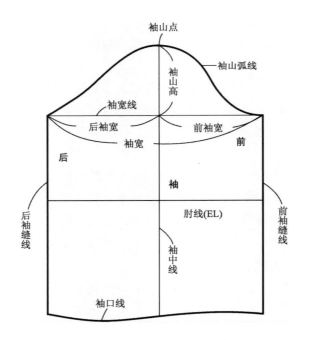

图 3-2　儿童原型衣袖各部位名称

表 3-1　童装参考尺寸　　　　　　　　　　　　　　　　单位:cm

部位	尺　寸							
身高	80	90	100	110	120	130	140	150
胸围	48	52	54	58	62	64	68	72

续表

部位	尺 寸							
腰围	47	50	52	54	56	58	60	64
臀围	50	52	54	60	64	68	74	80
背长	19	20	22	24	28	30	32	34
袖长	25	28	31	35	38	42	46	49

(一)衣身平面制图

衣身原型以胸围和背长尺寸为基准,各部位的尺寸是以胸围为基础的计算尺寸或固定尺寸。但人体的胸宽、背宽、头围等尺寸并不一定完全与胸围尺寸成比例,所以,特殊体型的儿童具体测量各部位的尺寸进行制图较好。

1. 做基础线(图 3-3)

①做长方形。以背长为高,以 $\frac{1}{2}B+7\text{cm}$(放松量)为长做长方形。儿童服装原型胸围放松量为 14cm,大于成人,以适应儿童的生长发育和活泼好动的特点。

②做胸围线。按袖窿深($\frac{1}{4}B+0.5\text{cm}$)的尺寸做胸围线。肥胖儿童,胸围大,袖窿深也大,胸围线低;瘦儿童,胸围小,袖窿深也小,胸围线高,因此特体儿童应调整胸围线的位置。胸围尺寸较小时,应降低胸围线,胸围尺寸较大时,应抬高胸围线。

③做侧缝线。自胸围线中点向长方形下边线做垂线为侧缝线。

④做背宽、胸宽线。将胸围线 3 等分,后 $\frac{1}{3}$ 点向侧缝处移 1.5cm 做长方形上边线的垂线,为背宽线,前 $\frac{1}{3}$ 点向侧缝处移 0.7cm 做长方形上边线的垂线,为胸宽线。从图 3-3 可以看到,由于手臂运动幅度的原因,背宽比胸宽略宽一些。

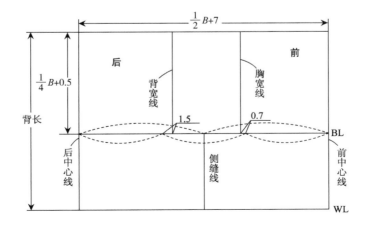

图 3-3 儿童原型基础线图

2. 做轮廓线(图 3 – 4)

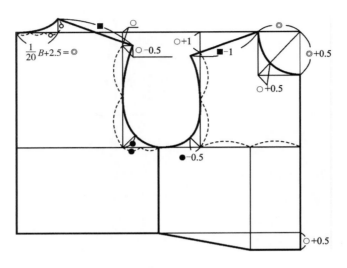

图 3 – 4　儿童原型轮廓线图

①做后领口弧线。在原型基础线上,自后中心点量取 $\frac{1}{20}B + 2.5\text{cm}$ 的尺寸为后领宽,记作◎,在后领宽处做垂线,取 $\frac{1}{3}$ 后领宽的尺寸为后领高,记作○,后领口弧线是从后中心与长方形上边线重叠 1.5～2cm,再与颈侧点圆顺画弧。

②做后肩斜线。在背宽线上,自上边线向下取 $\frac{1}{3}$ 后领宽○,过此点做平行线,并向外取○–0.5cm 的尺寸,直线连接此点和颈侧点为后肩斜线。

③做前领口弧线。取前领宽＝后领宽◎,前领深＝领宽◎＋0.5cm,做长方形,连对角线,在对角线上取○＋0.5cm 点,过此点、颈侧点、前中心点绘制前领口弧线。

④做前肩斜线。自胸宽线与长方形上边线的交点向下取○＋1cm 的尺寸,与颈侧点连接。在连接线上,取后肩长■－1cm 作为前肩斜线的长度,1cm 的差是为了适应儿童背部的圆润与肩胛骨的隆起而设的必要的量,用收缩或省的形式处理。

⑤做前后袖窿弧线。后袖窿弧线第 1 辅助点:背宽线上后肩点的水平点到胸围线的 $\frac{1}{2}$ 点;第 2 辅助点:在背宽线与胸围线的角平分线上,量取背宽线到侧缝线距离的 $\frac{1}{2}$ 点。前袖窿弧线第 1 辅助点:前肩线与胸宽线的交点到胸围线的 $\frac{1}{2}$ 点;第 2 辅助点:在胸宽线与胸围线的角平分线上量取后袖窿第 2 辅助点尺寸减去 0.5cm。用曲线连接前后肩端点、各辅助点和侧缝胸围点。

⑥做腰线。自前中心下端向下延长○＋0.5cm,水平绘至 $\frac{1}{2}$ 胸宽线的位置,并与侧缝点连接。

⑦检查领口弧线和袖窿弧线。前后片原型对齐颈侧点,重合肩线,检查领口弧线是否圆顺

（图 3 - 5）。前后片原型在肩点处对齐,重合肩线,检查袖窿弧线在肩部是否圆顺(图 3 - 6)。

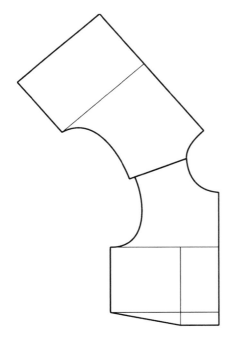 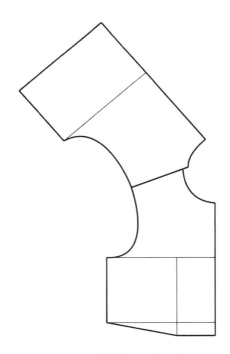

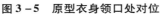

　　图 3 - 5　原型衣身领口处对位　　　　　　　　图 3 - 6　原型衣身肩部对位

（二）袖平面原型

　　袖原型是袖子制图的基础,是应用广泛的一片袖,可配合服装种类与设计来使用。

　　绘制袖原型必需的尺寸为衣身原型中前袖窿尺寸、后袖窿尺寸与袖长。基础线和轮廓线的做法分别如图 3 - 7、图 3 - 8 所示。

　　①确定袖山高。儿童年龄不同,袖山高采用不同的计算方法,1 ~ 5 周岁取 $\frac{1}{4}$AH + 1cm,6 ~ 9 周岁取 $\frac{1}{4}$AH + 1.5cm,10 ~ 12 周岁取 $\frac{1}{4}$AH + 2cm。同样的袖窿尺寸,袖山高度降低,袖肥变大,运动机能增强;袖山高度升高,袖肥尺寸变小,形状好看,但运动机能较差。幼儿需要较好的运动机能,所以袖山高度应降低,随着年龄的增长,袖窿尺寸变大,袖山高也相应增加。

　　②做袖口线。自袖山 a 点量取袖长尺寸做水平线。

　　③确定袖宽尺寸,并做袖缝线。自袖山 a 点分别向落山线做斜线,前袖山斜线长为前 AH + 0.5cm,后袖山斜线长为后 AH + 1cm,过此两点分别向袖口线做垂线。

　　④做袖肘线。自袖山 a 点量取 $\frac{1}{2}$ 袖长 + 2.5cm,做水平线。

　　⑤做袖山弧线。把前袖山斜线 4 等分,过上下 $\frac{1}{4}$ 等分点的凸量和凹量分别为 1 ~ 1.3cm 和 1.2cm,在后袖山斜线上,自 a 点量取 $\frac{1}{4}$ 前袖窿斜线的长度,外凸量为 1 ~ 1.3cm,分别过前袖宽

点、前袖窿凹点、$\frac{1}{2}$点、前袖窿凸点、袖山高点、后袖窿凸点、后袖宽点做袖山弧线。

⑥做袖口弧线。在前后袖缝线上,自袖口点分别向上量取1cm,前袖口$\frac{1}{2}$内凹1.2cm。过前袖缝线1cm点、前袖口内凹点、后袖口$\frac{1}{2}$点和后袖缝1cm点做袖口弧线。

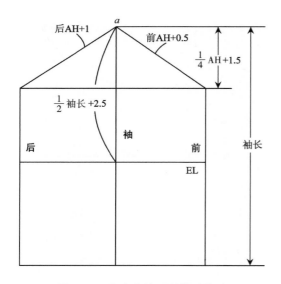

图3-7　儿童衣袖原型基础线图

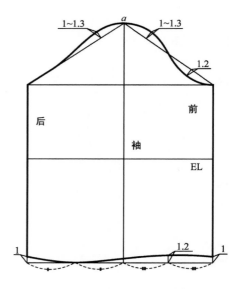

图3-8　儿童衣袖原型轮廓线图

第二节　原型放松量的调整

原型是自内衣至外套服装制图的基础,儿童服装原型适合于年龄1～12周岁的男女儿童,胸围放松量为14cm,幼儿期为了舒适的需要,放松量应大一些,大童期,14cm放松量对某些服装就显得过大,因此应对原型的一些部位进行调整。

一、领口与肩的调整

1. 外衣、外套

外衣、外套是和其他服装组合穿用的,内层服装和外套的空隙仍保持着一般状态,外套虽增加了放松量,但也只是为内层服装所占有的容量而设计,并非宽松量,因此它仍然受人体运动机能的影响,在围度和长度方向均有所追加。围度方向的追加量按前中缝、后中缝、前侧缝和后侧缝的顺序逐渐增加。长度方向的追加量和围度的增加量成正比关系,长度方向主要是通过袖窿开深、肩升高和颈后点上提来完成。按运动和造型的原则,后肩升高量大于前肩,大约取前后中缝放松量之和的$\frac{2}{3}$,若肩升高总量小于2cm,应全部追加在后肩上。颈后点升高量既应使后中线加长,又要使后领窝开深,取后肩线升高量的$\frac{1}{2}$,重新画出后领口弧线。

通常,儿童外衣类服装后肩线平行追加0.5～0.7cm,外套类服装后肩线平行追加0.7～1cm,具体视年龄与面料的厚度而定,后中心应提高追加量●的$\frac{1}{2}$,并与颈侧点圆顺连接(图3－9)。

2. 背心、背心裙

背心、背心裙是穿在上衣、毛衣外的服装,因此同样要考虑肩上增加的厚度。视面料厚薄在肩上平行追加0.5～0.7cm,因没有装领,后领深应增大,增大量为同样的尺寸(图3－10)。

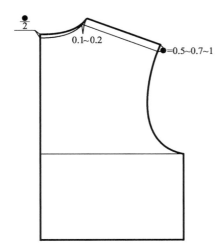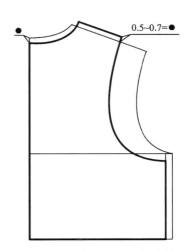

图3－9　外衣、外套领口与肩的调整　　　　图3－10　背心、背心裙领口与肩的调整

二、围度放松量的调整

1. 上衣、连衣裙

上衣、连衣裙的穿着状态一般比较合体,1～3周岁可采用原型给定的14cm放松量,4～7周岁胸围放松量可调整为12cm,因此在前后侧缝各收进0.5cm,8～9周岁前后侧缝各收进0.7cm,10周岁以上可采用成人放松量10cm,因此收进1cm,宽松的服装可仍按14cm放松量或在此基础上进行增加,如棉衬衣等。

2. 背心、背心裙

此类服装无袖,因此放松量较小,范围为8～10cm,根据面料厚薄,前后侧缝各收进1～1.5cm。

3. 外衣

正式场合穿着的外衣可采用14cm放松量,运动型外衣注重的是舒适性,因此在前后侧缝各追加1cm或更大尺寸的放松量。

三、有撇胸原型的调整

1. 上衣

为防止前中心起皱和下摆起翘,有时需对衣片进行撇胸处理。普通上衣以图3－11中a点为基点,向侧缝方向倾倒原型 0.3 ~ 0.5cm。

2. 外衣、外套

外衣、外套穿在毛衣的外面,以图 3 – 11 中 a 点为基点,无领的设计倾倒 0.3 ~ 0.5cm,有领时倾倒 0.5 ~ 0.7cm,倾倒的结果是前领口变大,胸宽变宽(图 3 – 11)。

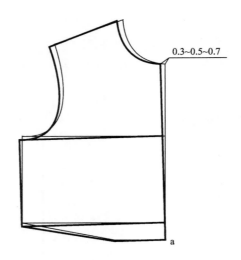

图 3 – 11　　上衣类的撇胸处理

第三节　　领子纸样设计

一、领型的设计

服装最吸引人的是色彩和整体轮廓造型,其次就是领型。因为领子所处的部位是人的视觉中心,童装中的很多装饰都集中在领子部位,造型美观、新颖别致、舒适合体的领型最能吸引人的视线,引起人们对整件服装的注意,从而引起孩子试穿和购买的欲望。领型设计是童装整体设计的重点。

(一)领型与人体的关系

童装的领型设计与很多因素有密切的关系,不但要符合儿童的生理特点,还要满足儿童及家长心理上的审美需要。

1. 领型设计要适合儿童颈部结构及颈部的活动规律

人体颈部呈上细下粗的圆台型,儿童的年龄不同,其圆台造型也不同。6 个月以下的婴儿颈部极短,1 周岁左右颈部开始发育成型,2 ~ 3 周岁颈部形状明显,随之逐渐发育变长。从侧面看,颈部略向前倾斜,因此在结构设计上表现为前领深大于后领深。儿童在活动时,颈的上中部摆动幅度大于颈根部。在进行领型设计时,应依据不同年龄段儿童的颈部发育特点和颈部活动规律来确定领口及领面的造型。

一般童装衣领以不过分脱离颈部为宜，领座也不能太高。幼儿期，儿童的颈部短，大多选用领线领型，也可选用领腰很低的领子。学童期以后，应根据孩子的脸型和个性的不同选择合适的领型。如果因为款式或冬季保暖，需要抬高领座时，也要以不妨碍其颈部的活动为准则。

2. 领型设计要满足儿童及家长心理上的审美需要

不同的领型有不同的美感，靠人的感知理解而产生美感联想，主要体现在造型、面料和装饰工艺上。一般来讲，各种曲线领型显得可爱、华丽；直线领型简练、大方；领口较大时，显得宽松、凉爽、随意、活泼；领口较小时，相对拘谨、严实、正规。同样的领型，面料不同，外观效果也不同。领口有装饰时，儿童显得可爱、活泼；无装饰时，又显得落落大方。因此，领型要根据不同的年龄、不同的心理审美进行设计。

（二）领型与季节的关系

儿童的皮肤娇嫩，新陈代谢比较旺盛，因此领型设计要充分考虑防寒、防风和防暑等实用功能。秋冬季以防寒、防风为主要目的，领宽可适当加大，并搭配保暖而柔软的围巾。夏季应充分考虑到孩子的排汗和透气，领口适当加宽和加深，但不应过分脱离颈部。

（三）领型与服装整体造型的关系

衣领作为服装的一个重要部件，其款式造型和风格设计必须与服装的整体造型风格相协调，这样才能体现出服装的整体美感和儿童活泼可爱的个性。

二、衣领构成要素

（一）衣领构成的四大部分（图3－12）

1. 领窝部分

衣领结构的最基本部分，是安装领身或独自担当衣领造型的部位。

2. 领座部分

单独成为领身部位，或与翻领缝合、连裁在一起形成新的领身。

3. 翻领部分

必须与领座缝合、连裁在一起的领身部分。

4. 驳头部分

衣身与领身相连，且向外摊折的部位。

（二）衣领构成的其他要素

1. 装领线

装领线又称作领下口线，领身与领窝缝合在一起的部位。

2. 领上口线

领身最上边的外沿线。

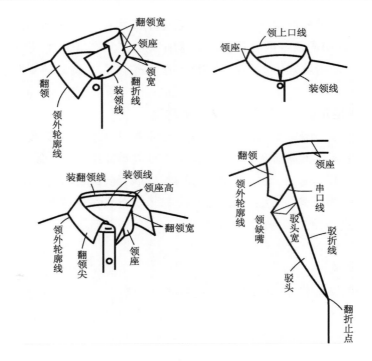

图 3 – 12　衣领构成

3. 翻折线

将领座与翻领分开的折叠线。

4. 驳折线

将驳头向外翻折形成的折线。

5. 领外轮廓线

构成翻领外部轮廓的结构线。

6. 串口线

将领身与驳头部分的挂面缝合在一起的缝合部位。

7. 翻折止点

驳头翻折的最低位置。

三、领子的纸样设计

图 3 – 13　基本圆形领款式图

领子的种类很多,在童装中应用比较多的有领线型领子和装领,不同的领型体现不同的外观造型。

(一)领线型领子的纸样设计

1. 圆形领

圆形领与人体颈部较为靠近,前领围线宽窄、深浅可以任意地变化(图 3 – 13)。基本圆形领纸样设计时,前后颈侧点沿前后肩线分别移下 3cm,后领中点下降 1.5cm,前领中点下移 2cm,圆顺前后领口弧线(图 3－14)。制板时应注意前后肩缝对齐,前后领口应圆顺(图 3－15)。

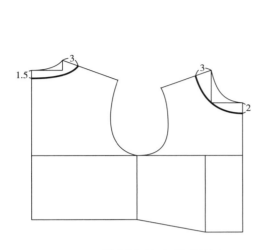

图 3－14　基本圆形领纸样设计图

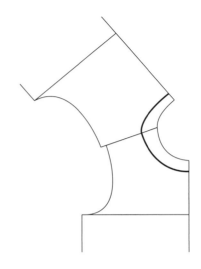

图 3－15　圆形领口对位图

　　圆形领变化领式可表现为打褶,加襻,添加结饰、扣饰及适合的图案装饰(图 3－16)。圆形领的前中心若继续开低,可转化成"U"形领口。

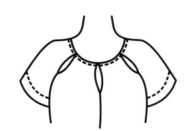

图 3－16　变化圆形领款式设计图

2. 船形领

图 3－17　基本船形领款式设计图

　　船形领领线造型与小船相似,故称船形领。船形领横开较宽大,前领深较浅而平顺。当横开领加宽时,前片领口会出现浮起的多余面料,因此需要减小前领深的量,增加后领深的量。船形领具有简洁雅致、潇洒大方的特点,多应用在较大儿童的运动衫、休闲服、内衣等款式中(图 3－17)。儿童着装以舒适性为主,同时针对儿童的年龄特点,在船形领童装中,领口横开尺寸不宜太大。

　　基本船形领纸样设计时,前、后颈侧点沿肩线分别移下 4cm,后领中点下降 1cm,前领中点移上2.5cm(图3－18)。船形领的装饰变化和圆形领基本相同(图3－19)。

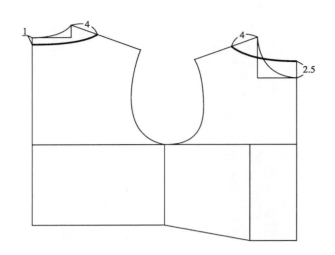

图3－18　基本船形领纸样设计图　　　　　图3－19　变化船形领款式设计图

3. 方形领

　　方形领领口线平直,呈四方形,方形的大小、深浅可以任意地变化,小领口显得可爱、活泼,大领口显得气质高贵、浪漫。较小的儿童多采用小方形领口,较大的女童可采用装饰的大方形领口。基本方形领的款式设计如图3－20所示,纸样设计如图3－21所示。前领口处理时,从肩部向下的领口线在垂直的基础上略向前中的方向倾斜。领口开低时,应在自颈侧点绘制的斜线的延长线上。方形领在童装上多用于上衣、连衣裙、背心裙、背心、罩衫、围裙等。

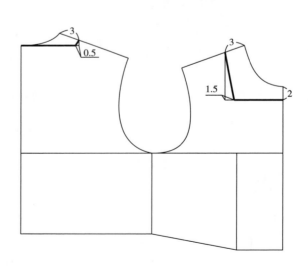

图3－20　基本方形领款式设计图　　　　　图3－21　基本方形领纸样设计图

　　方形领的设计变化较多,可以在大致为方形的基础上进行局部变化,如抹圆、挖角等,这样会出现规矩而不失活泼的外观效果(图3－22)。

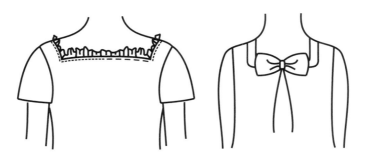

图 3 － 22　变化方形领款式设计图

4．"V"形领

领型正如"V"字形(图 3 － 23)。常用在毛衣、衬衫、背心、背心裙、弹力演出服等服装上。浅"V"形领较柔和,常用在较大儿童休闲服装及内衣中,深"V"形领在领口部位形成锐角,给人以严肃、庄重、冷漠感,多用于儿童礼服中。在儿童日常服装中,"V"形领一般不宜开得太深,否则与儿童天真活泼的个性不协调。"V"形领横开领宽窄、前中心点高低等变化可以给人以完全不同的外观造型和服装美感,在此基础上添加各种装饰成分,会取得丰富多变的效果。

图 3 － 23　基本"V"形领款式设计图

图 3 － 24 所示为儿童中常见 T 恤"V"形领的纸样设计图,图中,领宽开宽 1.5cm,后领深开深 0.5cm,前领深开深 3cm。

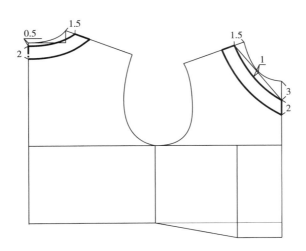

图 3 － 24　基本"V"形领纸样设计图

"V"形领的变化较多,在童装中有较广泛的应用,可用在各个年龄段的儿童服装中(图 3 － 25)。

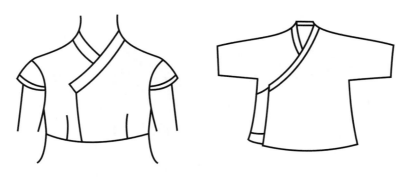

图3－25　变化"V"形领款式设计图

5. 多边形领

由四条或四条以上的直线或弧线成一定倾斜角度连接所形成的一种领形。多边形领给人一种活泼可爱的外观造型,其装饰变化丰富多样,可进行各种仿生设计,如花瓣造型、五角星造型、叶子造型等。利用有趣的领部造型可增强儿童着装的趣味性(图3－26)。

图3－26　多边形领款式设计图

花瓣形领部纸样设计时,把领口弧线5等分,在每2个等分点的中点做领口弧线的垂线,垂线长2.5cm,各等分点与2.5cm垂线点弧线相连(图3－27)。

在多边形领的设计中,领部直线或弧线结构线不宜开得太深,否则会显得孩子过于成人化。

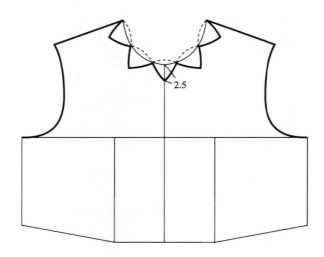

图3－27　花瓣形领纸样设计图

(二)装领纸样设计

装领是领与衣身缝合连接的领式,按照颈部结构进行的装领设计,不但使儿童穿着舒适,而且外观造型丰富多样。根据造型的不同可分为立领、关门翻领、平领、水兵领、带领座的衬衫领、翻驳领等。

1. 立领

立领是衣领的重要种类,不但具有较强的装饰功能,而且具有保护和保暖功能。立领是沿颈部站立的领子,没有领座与领面之分。这种领型与儿童体型不相适应,穿着后容易有束缚感,限制了颈部的自由活动,天气热时,不利于气流畅通,一般用于儿童棉袄或演出服中。

(1)立领的基本结构

依据后领侧水平倾斜角 $\alpha_{后}$、前领水平倾斜角 $\alpha_{前}$,可将立领分为内倾型立领、垂直型立领和外倾型立领。

内倾型立领:领子侧后部及前领倾向人体头颈,后领侧水平倾斜角 $\alpha_{后} > 90°$、前领水平倾斜角 $\alpha_{前} > 90°$(图 3 – 28)。在内倾型立领结构中,领上口线小于领下口线,因此立领造型呈上翘的趋势,领下口线的前中部位应上翘一定的量,围于人体颈部后与颈部相吻合。领下口线的前中部位上翘的量越多,越贴近颈部,但应留出人体颈部活动的松量,一般不小于 1cm。但当领宽较宽而又保持基本领口时,领下口线应酌情下弯。

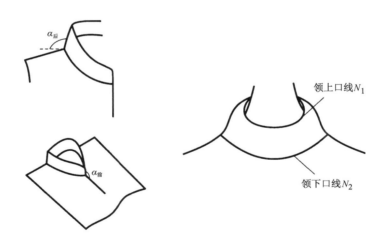

图 3 – 28 内倾型立领分析图

垂直型立领:领子侧后部及前领与人体头颈略作分离,与水平线垂直。后领侧水平倾斜角 $\alpha_{后} = 90°$、前领水平倾斜角 $\alpha_{前} = 90°$(图 3 – 29)。在垂直型立领结构中,领上口线等于领下口线,立领造型呈直立型领式,围于人体颈部后,与颈部略作分离。

外倾型立领:领子侧后部及前领与人体头颈分离,向外倾斜。后领侧水平倾斜角 $\alpha_{后} < 90°$、前领水平倾斜角 $\alpha_{前} < 90°$(图 3 – 30)。在外倾型立领结构中,领上口线大于领下口线,立领造型呈下弯的趋势,围于人体颈部后,形成离脖式的领型,一般用于演出服中。三种领型纸样示意图见图 3 – 31。

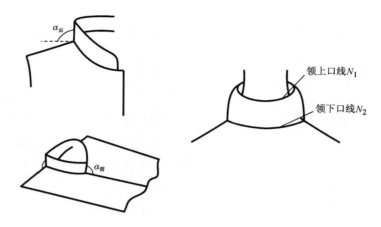

图 3 – 29　垂直型立领分析图

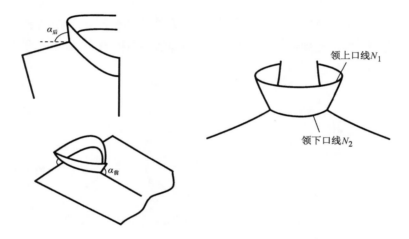

图 3 – 30　外倾型立领分析图

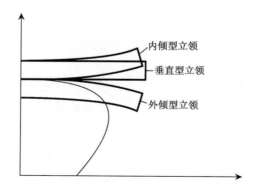

图 3 – 31　立领中的各种领型

（2）**立领结构设计要素**

领子侧倾斜角：后领侧水平倾斜角 $\alpha_后$ 决定立领领高的形状和领座的侧后立体形态。领座侧倾斜角 $\alpha_后$ 分成三种形态：$\alpha_后<90°$、$\alpha_后=90°$ 和 $\alpha_后>90°$。

领前部造型：领前部造型包括领前部的轮廓线和领前倾斜角。由于领前倾斜角在操作上较难确定，所以一般以实际领窝线与基础领窝线之间的差值来表示。当前领实际领窝线低于基础领窝线时，$\alpha_前>90°$；当前领实际领窝线位于基础领窝线时，$\alpha_前\leq90°$。领前部的轮廓线造型可以分为圆弧形、直线形、部分圆弧形和部分直线形。

前领窝线形状：前领窝线既是结构线，也是构成立领的造型线。在设计立领结构时，必须认真观察前领窝形状。

基本型立领款式设计如图 3－32 所示。

图3－32　基本型立领
款式设计图

（3）**立领的制图**（图 3－33、图 3－34）

①衣身处理。儿童颈部较短，立领会阻碍其颈部的活动，因此前后颈侧点分别沿肩线移下 0.5cm。当领宽较大时，可适当加大前领深的尺寸。

②做装领辅助线。做水平线，长为 $\frac{1}{2}$ 装领尺寸，该线作为装领辅助线，把该线 3 等分。

③做装领线。自前中心向上 1cm 做垂线，连接装领辅助线的 $\frac{1}{3}$ 点。前中心提高的尺寸越多，领子倾斜度就越大，上领口尺寸就越短，领子越抱脖。在斜线上取装领辅助线的 $\frac{1}{3}$ 长，该点为领前中心点，过该点、装领辅助线上 $\frac{1}{3}$ 点和后领中点做弧线，完成装领线的绘制。

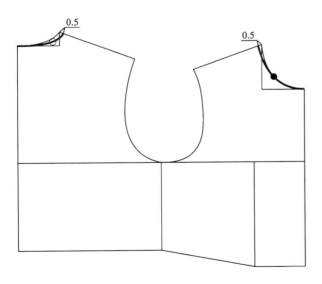

图 3－33　衣身领口的处理

图 3－34　基本型立领纸样设计图

④做外领口线。前领宽2.3cm,后领宽2.5cm,过两点做圆顺弧线。为防止领子上部重叠,领角处剪掉0.3cm,绘成圆角。

2. 翻领

翻领是将领片直接缝在领窝上,自然形成领座的领式。该领式不是呈直立状包住颈部,而是自然围住颈部向外顺翻,并略贴在肩上。在众多领型中,翻领最为常见,广泛应用于儿童服装,适用于幼儿到中学生的女衬衫、连衣裙、短上衣、夹克、外套等款式中。

假设用一块直布条做领子,把它与衣片的领围线缝合,翻折领子后会发现,因外领口尺寸不足,致使领面紧绷,从而使领脚线外露。若在长方形领的外领口部分切开剪口补充领外围线的不足,外翻领就可以罩住装领线。因此对于此类领型,领外口线应较长。

翻领的设计变化有靠近颈部和离开颈部之分,领角部位可以呈方形、圆形、尖角形等。领面可宽、可窄,翻领外领口线造型自由,可以呈各种花式形状。根据其造型的不同又可分为平领、海军领、平方领等不同样式。领面的宽、窄、大、小,领角造型的方、圆、长、短都应与服装造型一致。

(1)平方领

平方领广泛应用在儿童衬衫、连衣裙、T恤衫等款式中,是适合于男童和女童的普通领式(图3-35)。

平方领的纸样设计图可采用独立的直角制图法,也可采用直接在衣身基础上制图的方法。因为直角制图法简单方便,所以平方领一般采用此法绘制(图3-36)。图中X_1为翻领下弯量,X_2为领宽,即领座与翻领之和,这两个参数是翻领结构设计中两个最主要的参数,直接影响领子的最后成型。下弯量决定了领子的合体程度,下弯量过小,领子不易下翻且紧贴颈部,领面面料吃紧,人体感觉不舒适;下弯量过大,领子下翻程度过大,领座远离颈部,穿着不美观。对于不同年龄段的儿童,从颈部舒适性考虑,其下弯量的数值也各不相同。

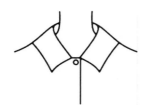 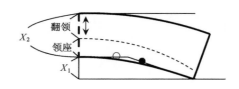

图3-35　基本型平方领款式设计图　　　图3-36　平方领直角绘图法

基本型平方领的制图(图3-37、图3-38):

①衣身领口的处理。儿童颈部较短,领座会阻碍其颈部的活动,因此前后颈侧点分别沿肩线移下0.5cm,重新绘制前后领口弧线。

②做垂直相交的装领辅助线和领后中辅助线,两线相较于a点。

③做装领弧线。自a点向上量取3cm作为平方领的下弯量,并做水平线,长度为后领口弧线长,过该点向装领辅助线做斜线,与水平线相交于b点,斜线长度为前领口弧线长,做如图装领弧线。

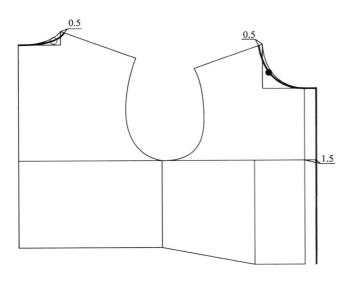

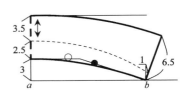

图 3－37　衣身领口处理图　　　　　　　图 3－38　基本型平方领纸样设计图

④确定前、后领宽。后领宽为 6cm，过前领中心 b 点做装领弧线的垂线 6.5cm，作为前领宽度（线的倾斜度和前领宽度由平方领的款式造型决定）。

⑤做外领口弧线。

⑥确定翻折线。根据纸样设计图，领座量为 2.5cm，做如图领翻折线。

翻领最常见的变化为领面宽度的变化，当领面增宽时，外领口弧线需适度增长，才能保证领面附着于人体前后颈肩部，领子造型才能平服。

（2）平领 1

平领是普通翻领装领线下弯度逐步与领口曲度达到吻合的结果，其领座很低，几乎完全变成领面贴在肩上，也称扁领（图 3－39）。平领在童装上应用非常广泛。

图 3－39　平领 1 款式设计图

平领 1 的制图（图 3－40、图 3－41）：

平领多采用在衣身基础上制图的方法，其制图过程如下：

①衣身处理。衣身领口在颈侧点剪掉 0.3cm，以使前后领口自然圆顺地连接。

②画出前片，做肩部重叠量。前后片在颈侧点对齐，在肩端重叠 $\frac{1}{3}$ 前肩宽，画出后片。前后片在肩端重叠，外领口尺寸会变短，同时领子会竖立而有领座，重叠量越多，外领口越短，领座就越高，领子越抱脖；重叠量越少，外领口越长，领座就越低，领子就会平服于肩上。

③绘制装领线。后中心、颈侧点均自衣身移出 0.5cm，前中心移下 0.5cm，绘制圆顺，这样装领线小于领口弧线。原因：一是平领整体结构弯曲过大出现斜纱，使外领口容易拉长，减小装领线曲度可以使平领的外领口减小而服帖在肩部，使领面平整；二是为了使平领仍保留很小一部分领座，使装领线与领口接缝隐蔽，不直接与颈部摩擦，同时可以造成平领靠近颈部位置微微

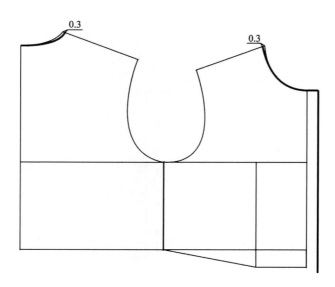

图 3 - 40　衣身领口的处理图

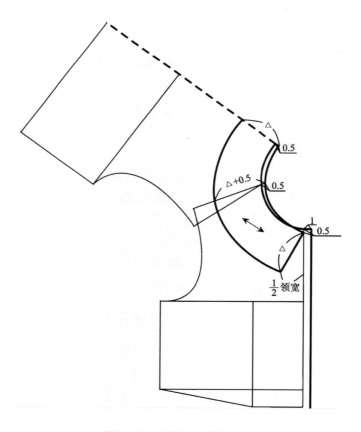

图 3 - 41　平领 1 纸样设计图

隆起,产生一种微妙的造型效果。

④确定领宽,绘制外领口弧线。前后领宽做成相同的尺寸,肩部加宽 0.5～1cm,原因是在颈侧点会形成较低的领腰,若领宽尺寸相同,肩部就会略窄。前中心领子开度无花边时为 $\frac{1}{2}$ 领宽,有花边时为 $\frac{2}{3}$ 领宽,或根据造型进行调整。根据后领宽点、肩部领宽点和前中心领宽点,绘制外领口弧线。

（3）平领 2

平领后部也可采用两片式设计（图 3－42）。该领型的重叠方法与图 3－17 相同,只是领子缝合线弯曲较弱,前后中心均移下 0.5cm,颈侧点移出 0.5cm。前后中心领宽尺寸相同,肩部加宽 0.5～1cm。前中心领子开度为 $\frac{1}{2}$ 领宽,后中心领子开度为 $\frac{1}{3}$ 领宽,或根据造型进行调整。平领 2 纸样设计如图 3－43 所示。

图 3－42 平领 2 款式设计图

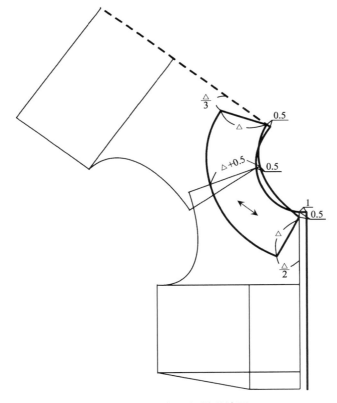

图 3－43 平领 2 纸样设计图

（4）水兵领

水兵领常用于水兵服中,因而得名。水兵领也称海军领,属平领结构,它是在平领结构的基础上进行外部造型的变化,在儿童衬衫、上衣、外套中应用广泛。该领型除典型款式（图 3－44）

外,还可以延伸为加飘带的款式。

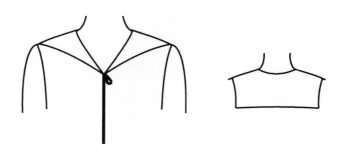

图3－44　水兵领款式设计图

水兵领的制图(图3－45、图3－46)：

水兵领的制图要领和平领相似,只是领子变宽,肩端重叠尺寸根据造型的设计进行变化。

①衣身处理。衣身领口在颈侧点剪掉0.5cm。按款式设计图,前领口绘制成"V"形。前中心处下移6cm。

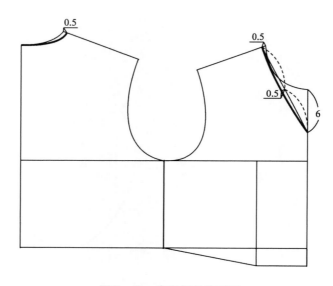

图3－45　衣身领口处理图

②画出前片,做肩部重叠量。肩端设计重叠量1.5cm。

③绘制装领线。后中心、颈侧点均自衣身移出0.5cm。

④绘制外领口弧线。后领长度为领口到胸围线的$\frac{3}{4}$,后领宽度为背宽线靠内1cm,平行于袖窿线绘制如图曲线。

（5）荷叶领

荷叶领是有意加大平领的外领口容量使其呈现波形褶(图3－47),这就需要对装领线进行大幅度的增弯处理,即装领线弯曲度大大超过领口弧线的弯曲度,促使外领口增加容量。结构

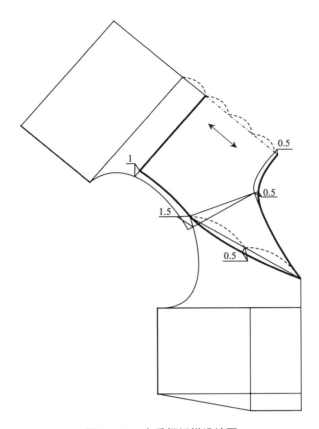

图3-46　水兵领纸样设计图

处理的方法是通过切展使装领线加大弯曲度,增加外领口长度(图3-48、图3-49)。加工时,装领线还原后,外领口会挤出有规律的波形褶。波形褶的多少取决于装领线的弯曲程度。

图3-47　荷叶领款式设计图

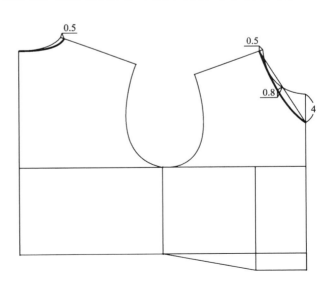

图3-48　荷叶领衣身领口处理图

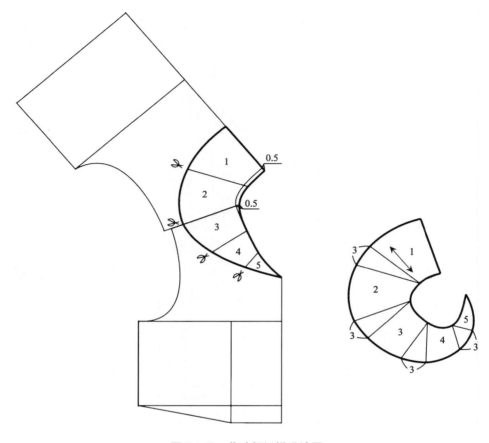

图3-49　荷叶领纸样设计图

（6）带领座的翻领

带领座的翻领是领面和领座分开的一种领型,广泛应用于衬衫、夹克、连衣裙、外套等款式中(图3-50)。

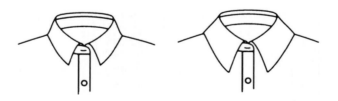

图3-50　衬衫领款式设计图

要使领型结构与人体的颈部相符合,领面就要翻贴在领座上,这就要求领面和领座的结构恰好相反,即领座上翘,领面下弯,这样外领口线大于领座装领线而翻贴在领座上。根据这种造型要求,领座上翘和领面下弯的配合应是成正比的,即领座装领线的上翘度等于领面装领线的下弯度。如果领面需要特别的容量,可以修正两个曲度的比例,当领面下弯度小于领座上翘度时,领面较为贴紧领座;反之,领面翻折后空隙较大,翻折线不固定,领型有自然随意之感。

衬衫领的制图:

①衣身处理。和图 3 - 37 平方领的衣身处理相同(图 3 - 51)。

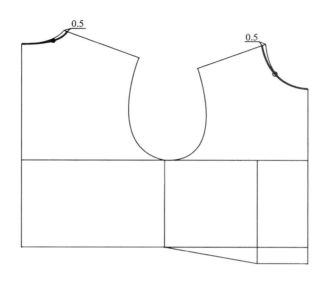

图 3 - 51　衬衫领衣身领口处理图

②绘制底领。底领的绘制方法同立领,后领座宽 2.5cm,前领座宽 2cm,搭门量和衣身搭门相同,取值为 1.5cm,领台圆角处理。

③绘制翻领。在后中辅助线上,自底领向上取 2cm,该点至底领前中心点连成与底领上口线曲度相反的曲线,长度和底领上口曲线相等,该线为翻领底线。翻领后中宽度为底领宽度加 1cm,以保证翻领翻贴后覆盖底领。翻领外口线与领角形状根据领型设计制图[图 3 - 52(1)]。

要想使翻领翻折后和底领之间的空隙较大,应增加翻领和底领之间的间距[图 3 - 52(2)]。

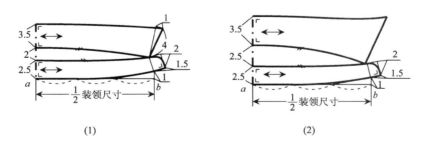

(1)　　　　　　　　　　　　　　　　(2)

图 3 - 52　衬衫领纸样设计图

3. 翻折领

翻折领以西装领结构为基础,由翻驳领和肩领组合而成(图 3 - 53)。翻驳领实为平领结构,肩领具有衬衫领和平领的综合特点,它与翻驳领连接形成领嘴造型。翻折领正视时似扁领

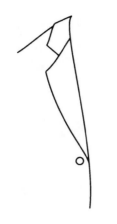

图 3－53　翻折领款式设计图

造型,由于肩领受领座的作用,从侧面和后面观察又具有衬衫领的造型特点。因此,肩领领底线曲度仍然是翻折领结构的关键。

翻折领的制图(图3－54、图3－55):

①衣身处理。根据面料的厚度,对原型样板的领口等部位进行调整。后中心追加0.2～0.5cm的量作为补充穿着中的围度量,该量根据面料的厚度进行调整,前中心加0.7cm是布的厚度及重叠的厚度量,颈侧点移下0.5cm以增加儿童穿着的舒适性。前片纸样中,以腰围前中心a点为旋转点旋转原型,做0.5cm的撇胸处理,搭门量2cm。

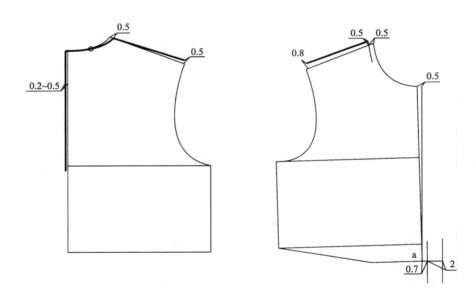

图 3－54　翻折领衣身处理图

②在前后片分别设计穿着后的领型状态。前片纸样中,在前颈侧点下2.5～3cm处确定沿颈围直立的领座尺寸,并根据开口止点的位置作出驳口线,在驳口线的大身部位画出自己满意的领型,然后确定领宽、领深的高度和串口的倾斜等。这些部位的设计与儿童的年龄、流行趋势、设计者的爱好等有关。根据领嘴形状的不同,领子可以分为平驳头和戗驳头两种类型。

③以驳口线为轴,延长驳口宽辅助线,并对大身部位所画的领型加以对称转换整理。

④做后领部分。首先延长驳口线,并与此延长线平行地由颈侧点向上截取后领口尺寸,画出后领宽长方形。

⑤为了满足翻领外领口的必要尺寸,应在肩部把翻领切开,以补充外领口的不足,切开的位置在颈侧点或比颈侧点低1～1.5cm处。修顺肩领外领口弧线和肩领领底线,完成翻驳领的纸样设计。

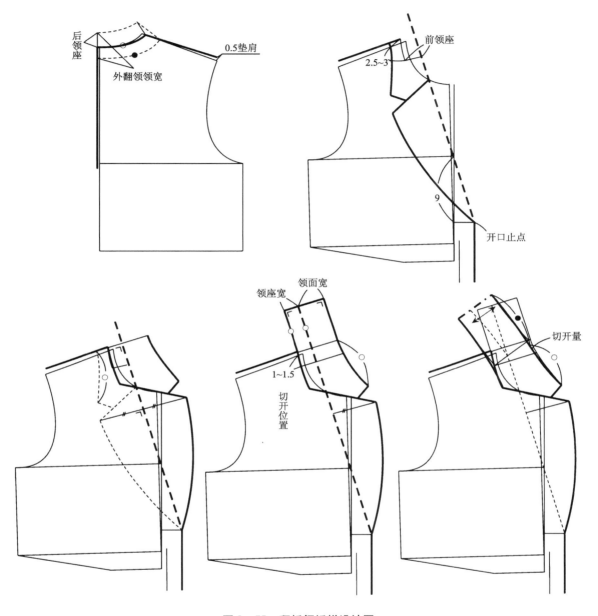

图 3 － 55　翻折领纸样设计图

(三)风帽纸样设计

　　风帽是将帽子缝于领口之上,穿着时帽子可以竖起,戴在头上,也可放下,披于后肩,以帽代领,因此又称作背帽领。背帽领的设计变化非常丰富,其领口的造型可以是圆形、"V"形、船形或"U"形,不同造型的领口会给风帽的效果带来不同的变化。风帽设计除在领口进行变化外,也可在帽子的边缘进行装饰,如加毛条、串带或别布,还可在帽子的后中缝加饰条或拉链。婴儿风帽,在造型上可以设计成虎头形、猫头形等各种动物图形,既可爱又充满童趣。

　　风帽的结构实质上是帽身与翻折领的组合,其结构种类大体可分为三种:宽松型,帽身作成两片型[图3-56(1)];较宽松型,帽身作成收省型;较贴体型,帽身作成分割型[图3-56(2)]。

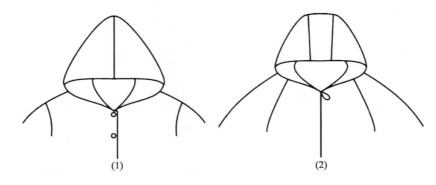

(1)　　　　　　　　　　　　　　(2)

图3-56　风帽款式设计图

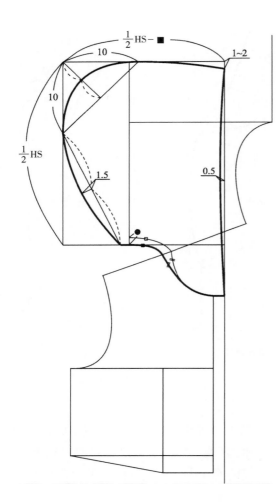

图3-57　宽松型风帽纸样设计图

1.风帽设计要素

　　①人体自头顶至颈侧点的长度(头部自然倾斜),即头长。成人头长约33cm,儿童随年龄的不同而有很大的差异。在尺寸表上没有头长的直接数据,通常按头围的一定比例进行计算。

　　②头围。儿童头围尺寸随年龄的变化而变化,是在头部最大位置夹入2个手指,环绕1周进行测量所得到的尺寸。进行帽宽设计时常采用此尺寸,由于风帽不必包覆人的脸部,因此可采用$\frac{1}{2}$头围作为基本设计尺寸,根据风帽的合体程度进行数值的调整。

　　③帽翻下来形成的帽座量。帽座量应视款式造型而定,一般帽座量控制在0～3cm,越小的儿童,帽座量应该越小。

2.宽松型风帽纸样设计图(图3-57)

　　①拼合前后衣片。以颈侧点为对位点,将后衣身在前衣身的肩线延长线上拼合。

　　②做帽下口线。在颈后点下部取帽座量●(该尺寸为设计量,决定所形成帽座的高低),画顺帽下口线,使之与领口线等长。

过帽口线做前中心线或搭门线的垂线。注意帽下口线可做在前领口基础线上,也可根据造型变换位置。

③做帽体辅助长方形。以帽座点所在的平面和搭门线的延长线为基础线做长方形,高和宽分别为 $\frac{1}{2}$HS 和 $\frac{1}{2}$HS － ■(■为帽宽不同时调整的尺寸)。

④做帽顶及后中弧线。在后帽顶部取边长 10cm 做圆弧(尺寸应根据风帽尺寸的不同而不同),并将帽前部下落 1~2cm,画顺帽顶。直线连接 10cm 点和帽下口后中点,并在中点处外凸 1.5cm 做弧线,和帽顶弧线圆顺相接,完成宽松型风帽的设计。

⑤做前中造型。

3.较宽松型风帽纸样设计图(图 3 – 58)

在宽松型风帽基础上制图。将宽松型风帽在图示部位剪切、拉展,然后在底部帽口线上和帽顶部分别作适当省量(省宽 1~2cm),这样做成的帽身呈球体状,更能符合人体头部形态。

4.较贴体型风帽纸样设计图(图 3 – 59)

在宽松型风帽基础上制图。将宽松型风帽在图示部位做分割线,分割出的小片做成左右相连的帽条,且用直纱向面料裁制。

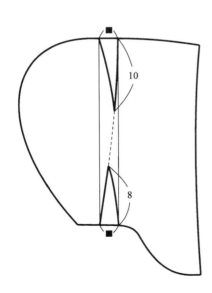

图 3 – 58　较宽松型风帽纸样设计图

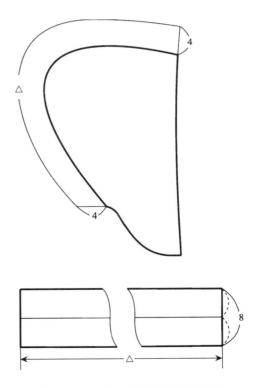

图 3 – 59　较贴体型风帽纸样设计图

第四节　衣袖纸样设计

一、衣袖的设计

衣袖是服装中重要的部件,其造型与服装整体造型关系极大,是整体服装廓型的重要组成部分。在衣袖设计中,功能性和装饰性的设计非常重要。

（一）衣袖与人体的关系

上肢是人体活动最频繁、运动幅度最大的部分,它通过肩、肘、腕等部位的活动带动上身各部位的动作发生改变。衣袖由袖山、袖身和袖口三大部分组成,这些设计用来满足肩、肘、腕等部位的活动。

袖山的设计关系到肩部的活动范围和服装的造型轮廓,设计不合理,会妨碍人体运动。袖山高不够,手臂垂下时就会有很多皱褶;袖山太高,手臂就难以抬起。袖身是袖子的主体部分,袖身的设计关系到肘部的活动范围,设计不合理,就会妨碍手臂的活动及袖子的整体造型。手臂为自然前倾状态,袖身设计要满足这一适体性。袖口设计除考虑造型效果外,还要满足袖口可动性和适体性,使其利于穿脱。

（二）衣袖的造型设计

衣袖作为服装造型中的一部分,以筒状为基本形态,与衣身的袖窿相连构成完整的服装造型,不同的服装造型和功能会产生不同结构和形态的袖型。相反,不同的袖型与主题服装造型相结合,又会使服装的整体造型产生不同的风格。

衣袖的种类较多,从衣身与袖的连接方式上,可以分为无袖、装袖、连袖和插肩袖等几种形式,几种衣袖的美感不同,结构设计不同,所适合的服装风格也不相同。

1. 无袖

省略衣袖,意在留出活动的空间,突出运动的肢体,在童装中主要应用在夏装款式中。无袖设计因袖窿位置、形状、大小的不同而呈现出不同的风格特点。

2. 装袖

根据人体肩部与手臂的结构形态进行结构设计,是符合肩部造型的合体袖型,具有立体感。该袖型衣袖和衣身分开裁剪,是应用广泛且规范的袖形。装袖分为圆装袖和平装袖。圆装袖是一种比较适体的袖形,袖身多为筒形,肥瘦适体,袖山高,则袖肥较小,袖山低,则袖肥较大。圆装袖外形笔挺,具有较强的立体感,静态效果比较好,但穿着时手臂活动受到一定的限制。其多采用两片或两片以上的裁剪方式,属于童装中常见袖型。平装袖和圆装袖的结构原理相同,不同的是袖山较低,袖窿弧线平直,袖根较肥,肩点下落,所以又称作落肩袖。平装袖多采用一片袖的裁剪方式,但造型变化丰富,穿着自然、宽松、舒适,在童装中具有广泛的应用。

肩部的变化、袖身的形状、袖口的设计是装袖造型的关键,是反映服装风格和服装流行的重要因素。装袖袖身从紧身到宽松有很多不同的变化,也体现不同的美感。袖口的大小和形状对衣袖乃至整个服装造型都有很大的影响,它的收紧和放松既具有装饰性,又兼具很强的功能性。

3. 连袖

袖片与衣片完全或部分连在一起的袖型称为连袖。该袖型没有袖窿线,肩部没有拼接线,肩形平整圆顺,缝制简单,具有自然朴实之风。连袖分为中式连袖和西式连袖两种。中式连袖服装的肩线与袖身成一条水平线,即袖身和肩线呈180°,适宜用轻薄柔软的面料制作,否则腋下堆褶和起棱角,影响穿着效果。西式连袖肩线与袖身呈一定的倾斜角度,从一定程度上减少了腋下堆积的皱褶,更符合人体结构。为增加服装的活动性和体现服装的外观效果,腋下可设计插角,但由于缝制工艺的问题,插角服装在童装中应用较少。

连袖服装袖身大多较宽松,造型上有袖根肥大、袖口收紧的宽松设计,也有筒形的较合体设计。袖身长度可任意设计。连袖设计大多应用在婴儿服装、休闲装、家居服装等方面。

4. 插肩袖

插肩袖是介于连袖和装袖之间的一种袖型,其特征是将袖窿的分割线由肩头转移到领口附近,使肩部与袖子连接在一起,既具有连袖的洒脱自然,又具有装袖的合体舒适,在童装中具有广泛的应用。插肩袖的肩袖分割线走向变化较多,通过分割、组合或结构变化设计能产生多种袖型。插肩袖的袖口既可收紧,也可开放。

(三)衣袖款式变化与服装整体造型和活动方式的关系

袖型款式变化会对服装的造型、风格产生很大的影响,不同的袖型和服装搭配会有不同的视觉美感。衣身紧而合体的服装多使用装袖;衣身宽而肥大的服装多使用连袖和插肩袖。衣身和袖的造型关系既可对比又可协调,如窄瘦的衣身搭配蓬松的袖型,这种袖型需要装袖设计。

衣袖的造型直接影响肢体的动作,它的宽窄、长短、有无都是根据实用的需要而安排的,紧身的体操服、无袖的游泳衣、舞蹈服的喇叭袖、各种抽褶袖等,都体现出人们多种活动方式的不同需要。

二、衣袖的基本变化原理与规律

无论装袖还是连袖、插肩袖,袖山高是造型的关键。袖山高指袖山顶点到落山线的距离,它影响着袖子的外观造型和功能性。

根据年龄的不同,儿童原型袖山高采用不同的计算方法,1~5周岁取$\frac{1}{4}AH+1cm$,6~9周岁取$\frac{1}{4}AH+1.5cm$,10~12周岁取$\frac{1}{4}AH+2cm$。从以上计算方法可以看出,随着儿童年龄的增加,袖山高的数值逐渐增大。

袖山曲线和袖窿曲线的长度是基本相同的(当考虑到袖山容量时,袖山曲线要稍大些),在结构制图中,袖山曲线和袖窿曲线的长度不能随意发生变化,否则将不能缝合。但这并不意味着袖子的造型只有一种选择,当袖山变化时,袖肥也随之发生变化,从而形成不同的袖外形特征。图3-60是当袖窿尺寸不变时,袖山高与袖肥的关系图。图中以原型衣袖的基础线为标

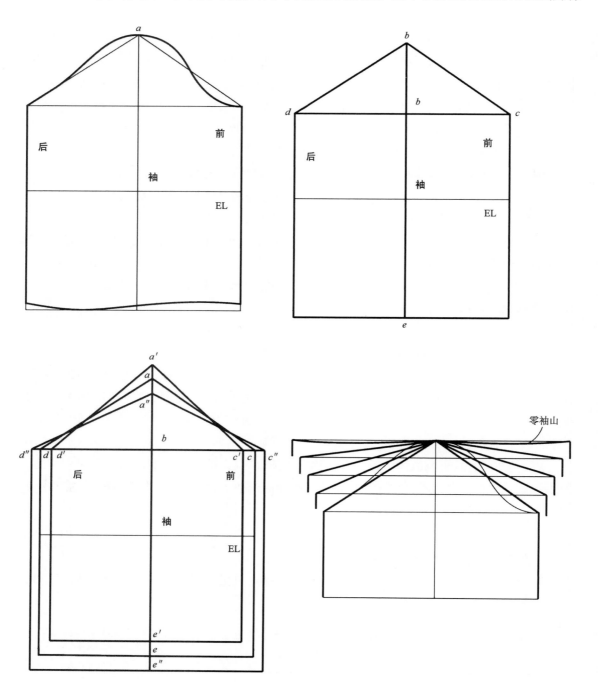

图3-60　袖山高与袖肥的关系

准,标准袖山高用 ab 表示,ac 为前袖山和前袖窿相符合而设计的长度,ad 为后袖山和后袖窿相符合而设计的长度,ac 和 ad 在变化过程中尺寸不发生改变,cd 构成袖肥,ae 是袖长。

在不考虑实际穿着意义的情况下,袖山越高,袖肥越小,当袖山高等于袖长时,袖肥等于零;袖山越低,袖肥越大,当袖山高为零时,袖肥达到最大值,即袖山高和袖肥呈反比关系。但当袖山高逐渐变大时,虽然在结构上是合理的,但不符合实际穿着的意义。因为原型袖山高是日常服装中较贴体的状态,原型袖山高接近最大值,当袖山高继续变大时,袖肥变小,这就造成了穿脱的困难,影响着装的功能性和舒适性,这在童装结构设计中是不常见的。由此可见,袖山高向下选择的余地较大,选择范围为无袖山到基本袖山之间。

由以上分析可知,当衣身袖窿尺寸不变时,袖山越高,袖肥越小,腋下合体舒适,立体造型较强,运动功能性较差;袖山越低,袖肥越大,腋下皱褶较多,平面造型较强,运动功能性较好。

三、衣袖与袖窿的形状变化规律

袖山高与袖肥的变化规律是在袖窿长度不变的前提下进行的,没有考虑袖窿的开度和形状。当袖山较高、袖窿也较深时,袖窿与袖子的缝合线远离腋窝而靠近前臂,这时袖子虽然贴体,但手臂上举受袖窿牵制,袖窿越深,牵制力越大。当袖山幅度很低时,袖子和衣身的组合呈现出袖子的外展状态,如果袖窿仍然采用原型袖窿深度,当手臂下垂时,在腋下就会聚集很多余量,穿着时会产生不适感。因此,当袖山高变化时,袖窿开度及形状应随之发生变化。当选择高袖山结构时,袖窿应较浅并贴近腋窝,形状接近原型袖窿的椭圆形;当选择低袖山结构时,袖窿应开得深度大、宽度小,呈窄长形袖窿,以达到活动自如、舒适和宽松的综合效果,当袖山高接近零时,袖中线和肩线形成一条直线,袖窿的作用随之消失,这时就形成了原身出袖的结构。在袖山与袖窿变化的同时,胸围尺寸也在进行变化,宽松形袖窿结构在袖窿开深时,侧缝胸围也应适当变大,袖窿形状接近相似形变化(图 3-61)。

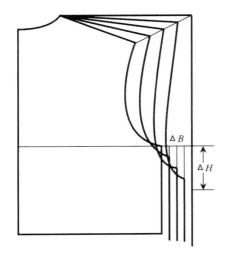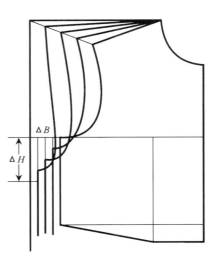

图 3-61　袖窿形状变化

四、衣袖纸样设计

(一)装袖的分类

1. 按袖长分类

装袖按袖长的不同可以分为半袖、5 分袖、7 分袖和长袖。半袖不是袖长的一半,而是从腋窝到袖肘的一半,从整体上讲约指 $\frac{3}{10}$ 袖、$\frac{4}{10}$ 袖;5 分袖指袖口在袖肘附近,但不宜与袖肘重合的衣袖;7 分袖指袖口在袖肘和腕关节之间的袖子;长袖指袖口在腕关节附近的袖子(图 3 -62)。

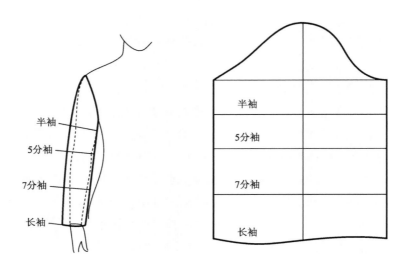

图 3 -62　袖长的变化

2. 按形态变化分类

图 3 -63 是装袖的形态变化款式图,(1)与原型衣袖相比,袖口稍窄,是几乎呈直线状态的袖子。(2)是袖口与腕细度近似的袖型。(3)、(4)、(5)、(6)、(7)袖型已脱离了包围上臂这个范围,其多余的面料含有装饰的意图,同时又具有运动机能性,根据装饰方法的不同,又分别称作喇叭袖、泡泡袖等。

(二)装袖纸样设计

1. 普通一片袖纸样设计

普通一片袖与原型袖相比,袖口稍窄,是几乎呈直线状态的袖型,广泛应用在儿童衬衣、外衣、大衣等款式中[图 3 -63(1)、(2)]。

普通一片袖结构,袖口较宽,可以不考虑肘部的弯曲(图 3 -64)。当袖口较窄时,前后袖缝的长度会有差异,要在工艺上进行处理,前袖缝在肘部拼开,后袖缝在肘部归拢(图 3 -65)。

2. 合体一片袖纸样设计

人体的手臂在自然下垂时不是垂直的,而是向前弯曲,这就要求合体袖不仅要有袖子贴紧衣身的造型,还要利用肘省的结构处理,使衣袖与上臂自然弯曲相吻合。

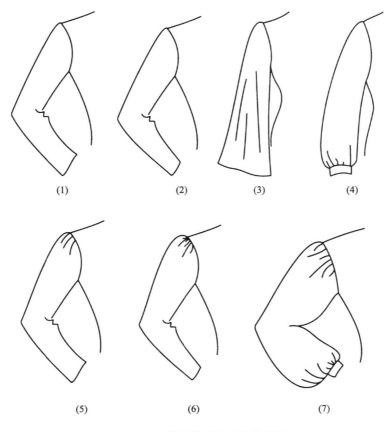

图 3 – 63　装袖的形态变化款式图

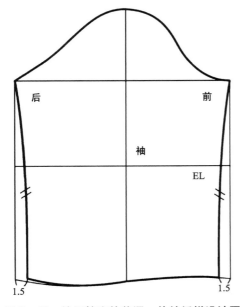

图 3 – 64　袖口较宽的普通一片袖纸样设计图

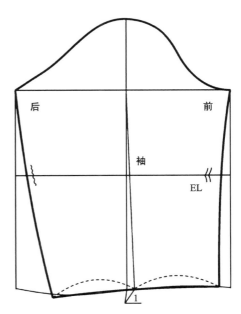

图 3 – 65　袖口较窄的普通一片袖纸样设计图

在普通一片袖的基础上,把肘下的余量原封不动地折合成省,形成合体的一片袖,是最简单的合体一片袖的处理方法(图3-66)。在进行纸样设计时,为使手臂下垂时能够符合手臂前屈的形状,在袖口处将袖山线的延长线向前移动,幼儿移动1cm,学童移动1.5cm,这就形成合体一片袖的袖中线,以此为界限确定前后袖口,前袖口尺寸 = $\frac{1}{2}$ 袖口尺寸 -1cm,后袖口尺寸 = $\frac{1}{2}$ 袖口尺寸 +1cm。这就是含有肘下省的合体一片袖的纸样设计(图3-67)。

若折合肘下省,在后袖缝肘位处就形成一个横省,这是常见的肘省形式,省的长度视儿童年龄而定,约位于后袖肘尺寸的 $\frac{1}{2}$ 处。省量的大小可灵活掌握,可以做全省处理,也可以取

图 3 - 66 折合肘省形成
合体一片袖

$\frac{2}{3}$,剩余的 $\frac{1}{3}$ 做归拢量(图3-68)。

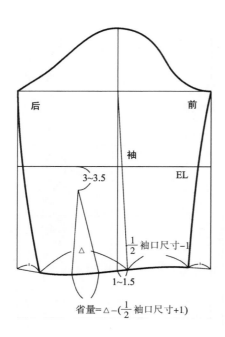

图 3 - 67 含有肘下省的合体一片袖纸样设计图

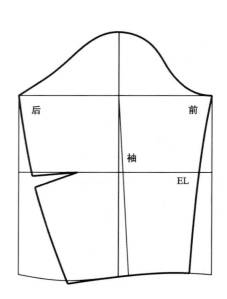

图 3 - 68 常见肘省的合体一片袖纸样设计图

3. 宽松袖纸样设计

宽松袖的结构和制作工艺均比较简单,多使用软而薄的面料,装饰特征比较明显,在考虑功能性时,应注重活动方便的设计。

（1）**自然褶喇叭袖纸样设计**

自然褶喇叭袖是从袖山到袖口呈喇叭状自然展开的袖型,具有自由、随意、飘逸的特点〔图3－63(3)〕。喇叭袖宜使用柔软且悬垂性好的面料。其制图过程如下(图3－69)：

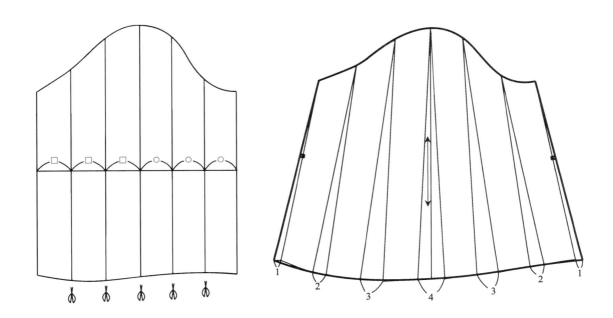

图3－69　自然褶喇叭袖袖摆均匀加量纸样设计图

①根据款式造型,把前后袖肥剪切分割。图中,把前后袖肥分别3等分,并进行剪切。

②剪切加量,增加袖摆的尺寸。袖中线剪切加量4cm,前后袖肥分别沿剪切线增加3cm和2cm,前后袖缝分别增加1cm。作为立体形态,把喇叭展开的必要部分在样板中加入是非常必要的,如果只在前后袖缝处展开袖口,不仅会产生不规则的皱褶,而且会违反运动机能性原理。

③修正袖山曲线和袖摆曲线。从喇叭袖纸样设计过程中可以看到,喇叭袖从表面上看是增加袖摆量,但从内在结构分析,袖摆量的增加和袖山高、袖山曲线有直接的关系。袖摆量增加越多,喇叭袖越宽松,袖山越低,袖山曲线越趋向平缓。当袖摆增加量较少,不足以影响袖山结构时,可以直接在原型袖纸样的袖侧缝处适当追加一定的量(图3－70)。

（2）**规律褶喇叭袖纸样设计**

规律褶喇叭袖是宽松袖和褶裥的结合(图3－71)。其制图过程如下(图3－72)：

①根据款式造型把前后袖肥剪切分割。

②剪切加量,增加前后袖肥的尺寸。前后袖肥分别沿剪切线各平行增加2cm,前后袖缝分别增加1cm。

③修正袖山曲线和袖口曲线。

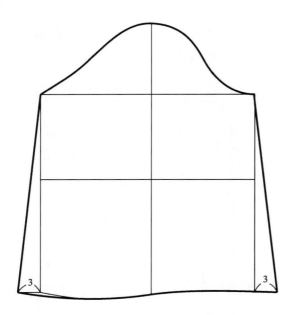

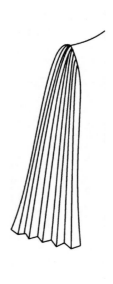

图 3－70　自然褶喇叭袖侧缝加量纸样设计图　　图 3－71　规律褶喇叭袖纸样设计图

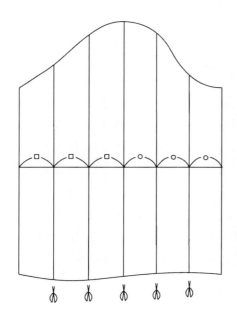

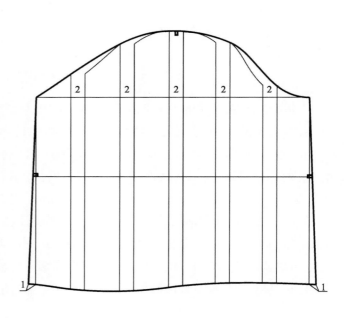

图 3－72　规律褶喇叭袖纸样设计图

（3）灯笼袖纸样设计

灯笼袖是在肩头或袖口处抽碎褶或打褶使其造型膨胀的袖子。

款式 1　袖山处抽褶的灯笼袖［图 3－63（5）、（6）］

袖山处抽褶的灯笼袖从造型考虑有三种类型：一是不加宽袖肥；二是以上臂为主加宽袖肥；三

是整个袖肥加宽。纸样设计时,应根据不同的造型选用不同的方法。

不加宽袖肥的灯笼袖1纸样设计(图3－73):

①切割原型袖山高。根据造型,把原型袖山高进行横向切割,并对切割的袖山沿袖山线切割成1、2两部分。

②做袖山褶量。分别逆时针和顺时针旋转袖山1部分和2部分,使袖顶部到切展止点形成"V"字形张角,并修正袖山曲线。这其中有两个可选择的设计量,一是切展张角越大,袖山褶量就越多,袖山的外隆起度越明显,反之,褶量越少,袖山造型越趋于平整。二是切展得越深,袖山造型隆起的部分越靠近袖口,反之越接近袖山头。当切展位置位于落山线时(图3－74),当缝合袖侧缝后,袖缝附近的袖山弧线就会形成图3－75中所示的a曲线的状态,不易与袖窿弧线接合,产生不合理的皱纹,因此,这种情况需要对前后袖山弧线进行适当修正,如图3－74中虚线所示,缝合后的状态如图3－75中的虚线。

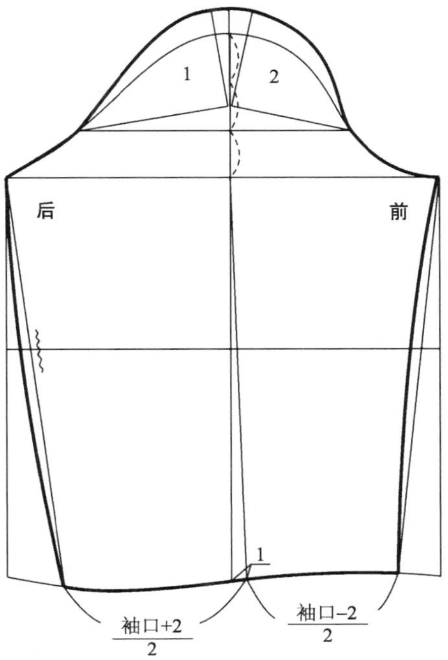

图 3－73　袖山处抽褶的灯笼
袖 1 纸样设计图

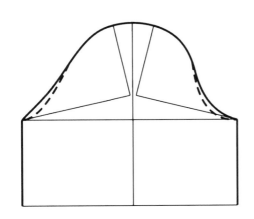

图 3－74　袖山处抽褶的灯笼袖 1 袖山弧线分析

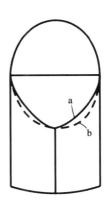

图 3－75　袖山处抽褶的灯笼袖 1 缝
合后袖山弧线状态分析

③对袖子的其他部位进行制图。

以上臂为主加大袖肥的灯笼袖2的纸样设计如图3－76所示。

横向切割位置可以自肘线延伸至袖口线,旋转及各部位的处理方法同图3－75。整个袖肥加宽的灯笼袖3的纸样设计如图3－77所示。

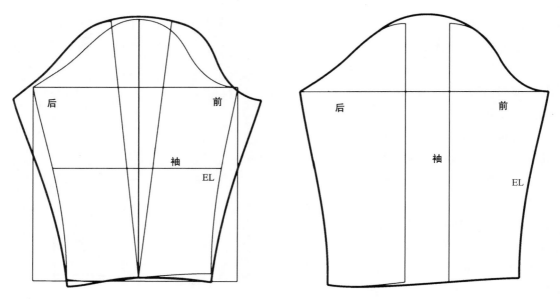

图 3 – 76　袖山处抽褶的灯笼袖 2　　　　　图 3 – 77　袖山处抽褶的灯笼袖 3

款式 2　袖口处抽褶的灯笼袖［图 3 – 63（4）］

褶量均匀分布在袖口上。纸样设计图采用切展的方法，袖摆缩褶量为袖摆长与袖头长之差。在袖口结构处理中，后袖口弧度变大，追加泡量，以适应动作与轮廓的需要。缝制时，后袖口碎褶应多于前袖口。做袖头纸样设计图，长为腕围 +2cm 放松量，宽为 3cm（图 3 – 78）。

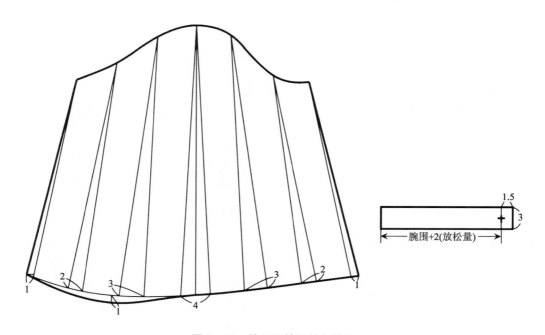

图 3 – 78　袖口处抽褶的灯笼袖

款式3　袖山和袖口均抽褶的灯笼袖[图3-63(7)]

该款式是上下抽褶结构的综合,制图过程如下(图3-79):

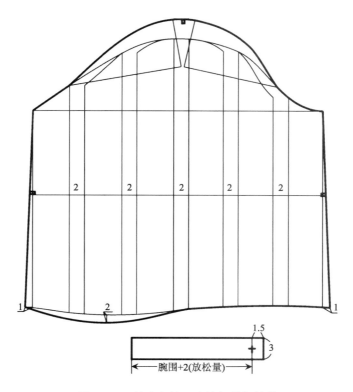

图3-79　袖山和袖口均抽褶的灯笼袖

①切展增褶。用切展的方法,在肘线的延长线上平移增褶,平移量的大小为可选择的设计量。

②做袖山弧线。做法同图3-73。

③修顺袖摆线。

④做袖头纸样设计图。

4.合体两片袖纸样设计

　　合体一片袖中,肘省的结构处理是获得袖子与上臂自然弯曲的保证。但是,从平面到立体的造型原理上,断缝要比省缝更能达到理想的造型效果,因此,通过合体一片袖的肘省转移和省缝变断缝、大小袖互补的结构处理而得到的两片袖结构造型更加丰满美观(图3-80)。两片袖在童装中主要应用在较大儿童的夹克、外套、大衣等有硬感的服装中。

　　在合体两片袖的结构设计中,利用两片袖的结构原理,通过互补的方法设计大小袖的结构。所谓大小袖的互补方法,就是先要在基本纸样的基础上,找出大袖片和小袖片的两条公共边线,这两条公共边线应符合手臂自然弯曲的要求,然后以该线为界,大袖片增加的部分在对应的小袖片中减掉,而产生大小袖片(图3-81)。但互补量的大小对衣袖的塑形有所影响,一般互补量越大,加工越困难,但立体程度越高。相反,加工越容易,而立体效果越差。通常前袖互补量大于后袖互补量,其主要原因是,袖子的前部尽可能使结构线隐蔽,以取得前片较完整的立体效果。在儿童服装中，互补量一般较小，以增加穿着的舒适性。

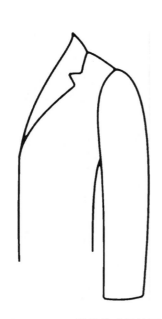

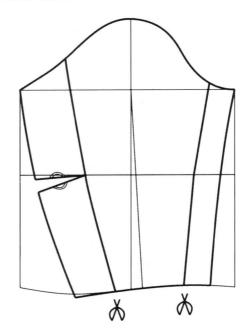

图3－80　两片袖款式设计图　　　　图3－81　两片袖纸样设计原理

合体两片袖以西装袖为代表，西装袖分袖口有假开口与没有假开口两种形式。

（1）**袖口有假开口的西装袖纸样设计**（图3－82）

①修正袖山高。原袖山高度向上追加1.5cm（袖山高度的追加量应视面料而定），修正袖山曲线。选择足够的袖山高度，以保证衣袖与衣身贴体的造型状态，并根据需要增加袖山的缩容量。儿童年龄越小，袖山曲线与袖窿曲线的长度差就越小。

②做前公共边线。取前袖肥的中点，记作 a 点，并过该点做垂线，分别与前袖山弧线、肘线和袖口线相交，肘线交点向中心偏移0.5cm，记作 b 点，袖口交点向袖缝偏移0.5cm，记作 c 点，连接 ab 两点和 bc 两点，此线为前公共边线。

③做前袖缝线。前袖缝的互补量根据儿童年龄的不同而不同，在此取2cm。将公共边线 abc 按2cm的互补量分别平行移至 $a'b'c'$ 和 $a''b''c''$，分别为小袖与大袖的前袖缝。

④取袖口尺寸。记 $\frac{1}{2}$ 袖肥为△，在袖口线上自 c 点取袖口尺寸为△ -3cm，记作 f 点。

⑤做后公共边线。取后袖肥的中点，记作 d 点，并过该点做垂线，连接袖口 f 点和 d 点，与肘线相交，交点与垂线的中点记作 e 点，连接 de 和 ef，def 线为后公共边线。

⑥做后袖缝线。后袖缝在落山线上的互补量取2cm，在落山线上分别记作 d' 和 d''，自 e 点分别向中心和袖缝偏移1.2cm，分别记作 e' 和 e''，弧线连接 $d'e'f$ 和 $d''e''f$，分别为小袖和大袖的后袖缝线。

⑦做小袖山弧线。以前后 $\frac{1}{2}$ 袖肥线为中心线，分别对称翻转前后袖山弧线。分别延长前后大袖缝线，以前后 $\frac{1}{2}$ 袖肥线为中心线做对称点，与翻转的袖山弧线相交，交点为小袖山弧线上的

点,弧线连接两交点和落山点,完成小袖山弧线的绘制。

　　⑧做袖口线。延长后袖缝线0.5cm,弧线连接前袖口点。

　　⑨做袖口假开口。长度根据儿童年龄确定,取值范围4～8cm,宽度2～3cm。

　　(2)袖口没有假开口的西装袖纸样设计(图3-83)

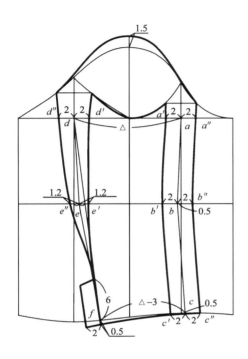

图3-82　袖口有假开口的西
装袖的纸样设计图

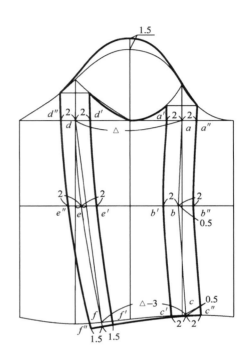

图3-83　袖口没有假开口的西
装袖的纸样设计图

　　①前公共边线、后公共边线、前袖缝线和袖口尺寸的做法同有假开口西装袖。

　　②做后袖缝线。后袖缝的互补量取2cm,在落山线上分别记作d'和d'',自e点分别向中心和袖缝偏移2cm,分别记作e'和e'',自f点向中心和侧缝分别偏移1.5cm,两点分别记作f'和f''。弧线连接$d'e'f'$和$d''e''f''$,分别为小袖和大袖的后袖缝线。

　　③做小袖山弧线。同图3-82做法。

　　④做袖口线。延长后袖缝线0.5cm,弧线连接前袖口点。

(三)插肩袖纸样设计

　　插肩袖是一种袖子与衣身肩部相连的袖型结构形式,有一片袖、两片袖、三片袖等多种。通过袖山与袖窿的变化,加上对袖子不同的分割形式,可构成不同的造型效果,如插肩袖、半插肩袖、肩章袖、连育克袖、连袖等(图3-84)。对于生长迅速、体型变化因人而异的儿童,宽松的、没有清晰肩宽的插肩袖非常合适。插肩袖在婴儿装、衬衫、罩衫、外套、运动服等款式中应用广泛。

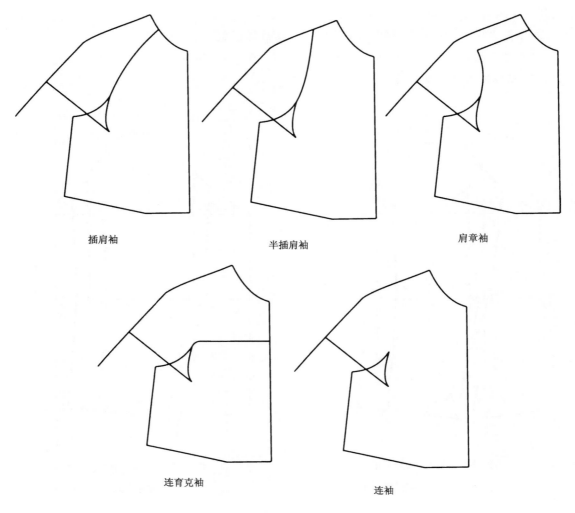

图 3-84 不同造型插肩袖款式设计图

1. 插肩袖纸样设计的影响因素

(1)袖子的倾斜角度

不同的倾斜角度会对手臂的活动幅度产生影响,同时也会对袖型产生影响。首先取 45°、30°、21°和 60°四种倾斜角度,袖山高取原型袖山高(120cm 儿童取 $\frac{1}{4}AH + 1.5cm$),在不同倾斜角度的制图中,袖山高保持不变,比较不同倾斜角度对袖型的影响。

倾斜角度为 45°时(图 3-85),图中斜格阴影部分为衣袖与衣身之间所形成的松量,这种袖型在腋下松量少,袖子较合体,基本能满足手臂活动量;倾斜角度为 30°时(图 3-86),这种袖型在腋下增加了松量,袖子不十分合体,手臂活动量较大;倾斜角度为 21°时(图 3-87),这种袖型必须降低袖山高度才能保证形成合理的插肩袖结构,这时肩线与袖缝线形成一直线,形成类似斜连袖的一种袖子,腋下放松量很多,形成大量褶皱,袖型宽松,能完全满足手臂活动量;倾斜角度为 60°时(图 3-88),这个角度的袖型必须增加袖山高度才能形成合理的插肩袖结构,图中斜格阴影部分为比普通袖减少的放松量,减少的放松量较多,袖型十分合体,限制了手臂的活动量。

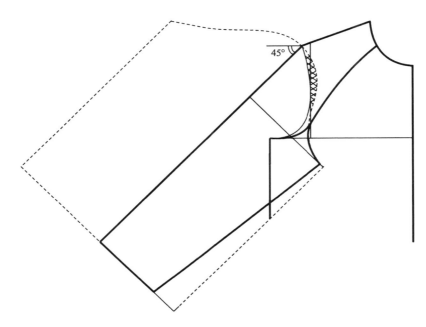

图3－85　45°插肩袖结构分析

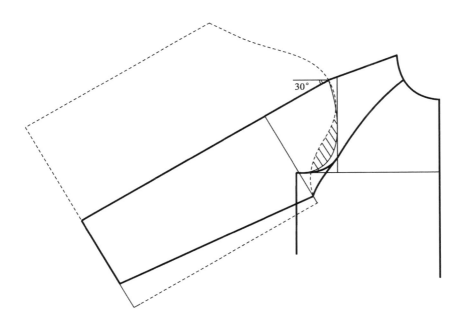

图3－86　30°插肩袖结构分析

插肩袖结构中,肩线和袖缝线都有一个弯曲形态,目的是为了适合人体手臂的形状,以此达到服装在肩部的圆顺、平服。通过不同倾斜角度的比较可以发现,倾斜角度越大,袖型越好,越

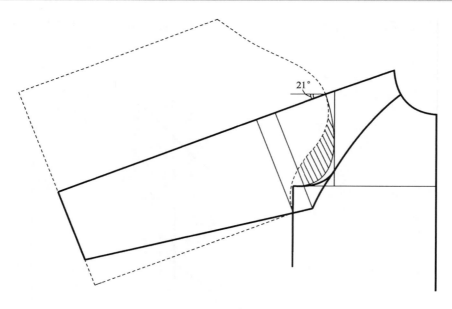

图 3 – 87　21°插肩袖结构分析

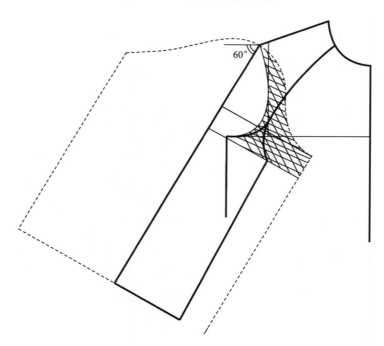

图 3 – 88　60°插肩袖结构分析

合体,也越符合人体的体型。但倾斜角度太大会影响手臂的活动范围;倾斜角度太小,袖型宽松,在腋下形成大量褶皱,影响服装的外观造型,所以在进行童装插肩袖结构设计时,倾斜角度的选取非常重要。对于儿童,舒适性是必须要考虑的一个因素,肩斜角度的选取应小于45°。

　　插肩袖后片结构与前片基本一致,不同之处在于:前袖比后袖倾斜角度略大,前袖比后袖略窄,插肩袖与衣片的重合量前片应大于后片,以满足人体手臂向前运动的规律。

（2）袖山高

袖山高仍是插肩袖结构的制约因素,它和肩斜角度互为制约,共同影响衣袖与衣身的贴体程度。袖山高对袖型的影响和普通袖一样,袖山越高,袖肥越小,袖子越贴体;袖山越低,袖肥越大,袖子越宽松。

袖中线与袖山高之间的内在联系势必会引起落山线方向的变化,进而影响袖子的贴体程度(图3-89)。

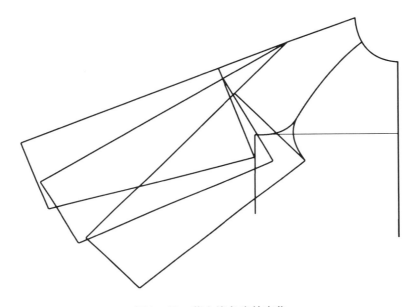

图3-89　落山线角度的变化

随着插肩袖合体程度的变化,衣身放松量也发生相应的变化。袖窿的变化更为明显,从宽松型插肩袖到合体型插肩袖,袖窿加深量逐渐减小,袖窿弯曲程度则逐渐增大(图3-90)。

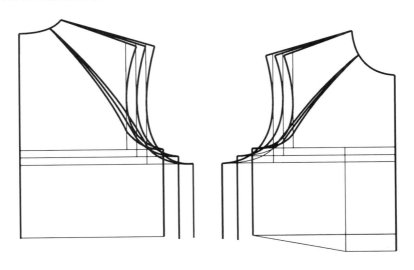

图3-90　插肩袖袖窿的变化

2. 插肩袖纸样设计实例

（1）两片式插肩袖纸样设计（图3－91、图3－92）

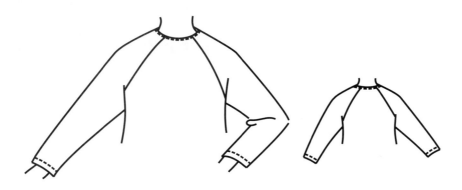

图3－91　两片式插肩袖款式设计图

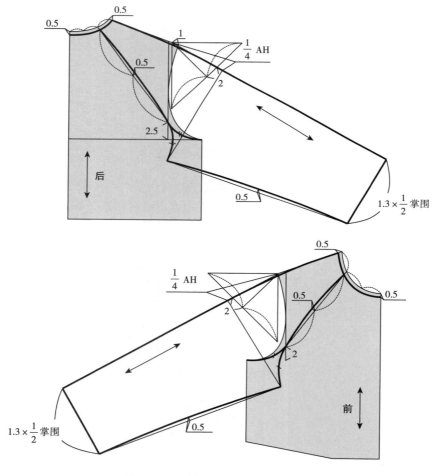

图3－92　两片式插肩袖纸样设计图

①做领口弧线。从图3－91中可以看出,该款式为较宽松结构,因此,前后片领宽和领深各增大0.5cm。

②确定后肩宽尺寸。儿童衣身原型制图中,后肩宽比前肩宽大1cm,因此自后肩端点向里移进1cm,使前后肩宽保持等长。

③做后袖中线。在后肩点做边长为10cm的等边直角三角形,并做直角角平分线,与直角三角形斜边相交,沿斜边自交点上移2cm,连接后肩点并延长至实际袖长尺寸,在肩点用弧线修正。

④做落山线。在袖中线上,自肩端点取袖山高$\frac{1}{4}$AH,从落山点做袖中线的垂线。

⑤做身袖公共边线。3等分后领口弧长,上$\frac{1}{3}$点作为插肩点。在背宽线上,自胸围点向上取2.5cm,作为身袖交叉点。弧线连接插肩点和身袖交叉点,在中点外凸0.5cm。

⑥做腋下弧线。自身袖交叉点向侧缝胸围点做弧,该弧线应和身袖公共边线圆顺相接。自身袖交叉点向落山线做弧,弧长与衣身腋下弧线等长,方向相反,由此确定后袖宽点。

⑦做袖口线。自袖长点做袖中线的垂线,垂线长为$1.3 \times \frac{1}{2}$掌围,即为袖口尺寸。

⑧做后袖缝线。弧线连接袖口点和袖肥点,在中点凹进0.5cm。

⑨前片和后片做法基本相同,不同点在于前身袖交叉点在胸宽线上2cm的位置。

（2）**一片式插肩袖纸样设计**（图3－93、图3－94）

该款式采用了多褶设计。

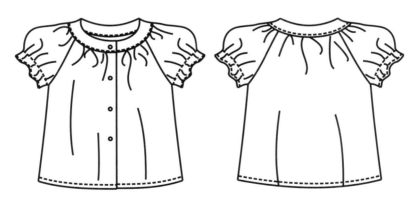

图3－93　一片式插肩袖款式设计图

①确定后胸围尺寸和后衣长。一片式插肩袖属宽松结构,胸围应适当增加,每$\frac{1}{4}$片在原型胸围基础上增加1cm。后衣长根据儿童的年龄和穿着状态确定,一般长至臀围线以下位置。

②做后领口弧线。后片领宽自颈侧点沿肩线移下2cm,领深增大1cm。

③确定后肩宽尺寸。自后肩端点向里移进0.6cm,使后肩宽大于前肩宽0.4cm,该量在制作中做归拢处理。

④做领口育克。育克宽2.5cm,后中心加宽5cm,作为后片的褶量。

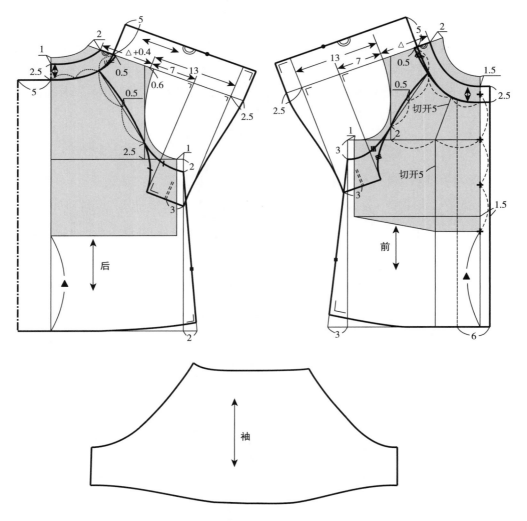

图 3 - 94　一片式插肩袖纸样设计图

⑤做后袖中线。袖斜采用肩斜的斜度,插肩袖褶量 5cm。

⑥做落山线。在肩线延长线上,自肩点取袖山高 7cm(袖山高随儿童年龄变化而变化,年龄越大,袖山高尺寸越大)做落山线。

⑦做身袖公共边线。后领口育克下弧长的上 $\frac{1}{3}$ 点为插肩点,背宽胸围点向上取 2.5cm 作为身袖交叉点。

⑧确定腋下袖窿点,做腋下弧线。袖窿开深 2cm 做腋下弧线,确定后袖肥点。

⑨做袖口线,确定橡筋位置。自肩端点取袖长 13cm,延长袖中线 2.5cm,袖口做弧线处理,自袖口线向上 3cm 确定橡筋的位置。

⑩做侧缝线、底摆弧线。底摆展开量为 2cm。

前片和后片做法基本相同,不同点在于:

①前领深开深 1.5cm。

②前身袖交叉点在胸宽线上 2cm 的位置。

③前底摆展开量 3cm。

④前片褶量利用剪切加量进行处理，展开量 5cm。

⑤搭门量 1.5cm。第一粒扣在前中线育克中心点，最后一粒扣在前腰围线的位置，其他两粒扣平分之间的距离。贴边宽 6cm。

（四）无袖纸样设计

无袖服装常见为袖窿远离肩点而靠近颈侧点的无肩吊带服装、袖窿远离颈侧点而靠近肩点的坎袖服装和将肩宽延长、扩大后覆盖整个人体躯干、肩、手臂部分的斗篷类服装。

1. 无肩吊带服装

该服装在省略袖子的同时，将肩宽省略为一根细带，以吊带的形式连接前后衣片，在童装中广泛应用于泳装、演出服和夏季服装中。

无肩吊带服装的纸样设计应注意吊带的长度和人体相吻合，儿童穿着后舒适合体，肩带长度适宜，在穿着中不滑脱，因此在纸样设计时，仍然采用在原型基础上进行设计的方法。需要注意的是，对于弹性面料，应考虑面料弹性对长度的影响。

典型无肩吊带服装的特点是：前后领口较低，腰部略收，舒适合体，适合夏季各个年龄段的儿童穿着（图 3 - 95）。

无肩吊带服装纸样设计（图 3 - 96）。

后片制图：

①确定胸围尺寸。该款式采用合体设计，胸围 $\frac{1}{4}$ 收进 1cm。

②做衣长辅助线。衣长根据年龄和款式确定，该款式衣长在臀围线以上。

③做后领口弧线。后领口开深 6cm，过领深点做后中线的垂线，与袖窿线相交。该线三等分，过二等分点做垂线，垂线长 1.5cm，该点为领宽点。

图 3 - 95　无肩吊带服装款式设计图

④做袖窿弧线、后肩部吊带。袖窿深点提高 1cm，自颈侧点沿肩线移下 5cm 作为肩部吊带的位置，该点与袖窿深点弧线连接，弧线过领宽点。

⑤做侧缝线。腰部收进 1cm。

⑥做底摆弧线。

前片制图：

前片制图与后片制图基本相同，不同之处：

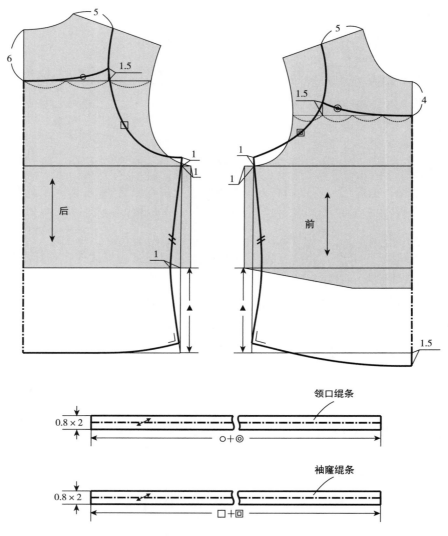

图 3 – 96　无肩吊带服装纸样设计图

①前领口开深 4cm，领宽位于过领深所做水平线的 $\frac{3}{4}$ 处。

②前衣长在衣长辅助线的基础上延长 1.5cm 作为儿童腹凸量所必需的尺寸。

做领口、袖口绲条：

绲条长为领口的实际尺寸，宽为 0.8cm，里、面连裁。

2. 坎袖服装

坎袖服装是从肩关节处开始省略袖子，只有大身部分（图 3 – 97）。该类型服装从视觉上改变了肩宽和衣长的比例，使穿着者看上去修长，同时因为裸露肩与手臂而适合夏季穿着。坎袖服装多应用在儿童夏

图 3 – 97　坎袖服装款式设计图

季上衣和连衣裙中。

坎袖服装的纸样设计(图3－98)：

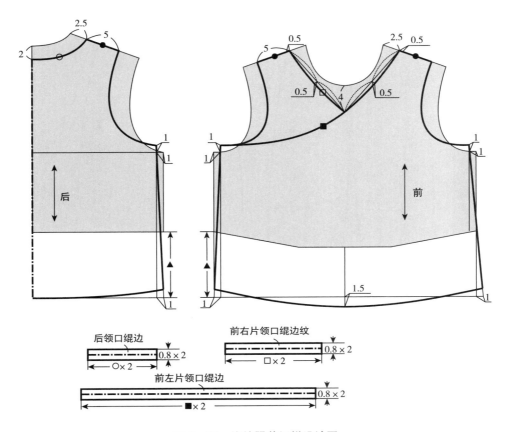

图3－98　坎袖服装纸样设计图

后片制图：

①胸围、衣长、袖窿深点等的确定同图3－96无肩吊带服装的确定方法。

②做后领口弧线。后领口开深2cm，领宽自颈侧点移下2.5cm。

③确定肩宽。肩宽为设计量，根据款式确定，本款取5cm。

④确定衣摆尺寸。衣摆在侧缝处展宽1cm。

前片制图：

①前右片制图。前领口开深4cm，领宽同后片，过领深点弧线连接领宽点和左侧袖窿深点，前中心下垂量为1.5cm。

②前左片制图。领口、肩宽与袖窿同前右片处理方法。

③做领部绲边。绲边宽0.8cm，里、面连裁。

其他部位同后片。

3. 斗篷

斗篷属于无袖服装的一种，和披肩相比，斗篷较长，两者在结构上没有本质区别。斗篷下摆展开刚好能掩盖住儿童挺胸凸腹的体型,同时作为外衣穿着又具有穿脱方便的特性,因此在童装中应用广泛(图3－99)。

图3－99　斗篷款式设计图

斗篷的纸样设计(图3－100)。

斗篷的设计重点在肩部,1周岁以上儿童斗篷的纸样设计方法多采用原型法。

后片制图:

①衣身领口与肩部尺寸的确定。应考虑斗篷作为外衣穿着所增大的领口尺寸和抬高的肩线尺寸,后领深加大0.5cm,自颈侧点沿肩点移下2.5cm以加大领宽,并在领宽点抬高肩线0.5cm。

②确定肩线。自原型肩点抬高1cm,以确定新的肩线。

③袖斜线的确定。衣摆增加胸围尺寸,连接肩点和衣摆展宽点,圆顺肩点处弧线,做衣摆弧线。

④衣长尺寸的确定。衣长同样根据儿童的年龄和需要进行设计。

前片制图:

前片和后片制图基本相同,不同之处为前领深加大2cm。

领部绲条及系带:

宽为0.8cm,长为前后领口尺寸＋30cm的系带量。

(五)连袖纸样设计

1.中式连袖服装

中式连袖服装的穿着舒适性较好,其纸样设计的方法在婴儿装中有所介绍,在此不再赘述。

2.西式连袖服装

西式连袖服装的袖山倾斜度很重要,倾斜度大,袖下缝长度就会变短,从而使手臂上举困

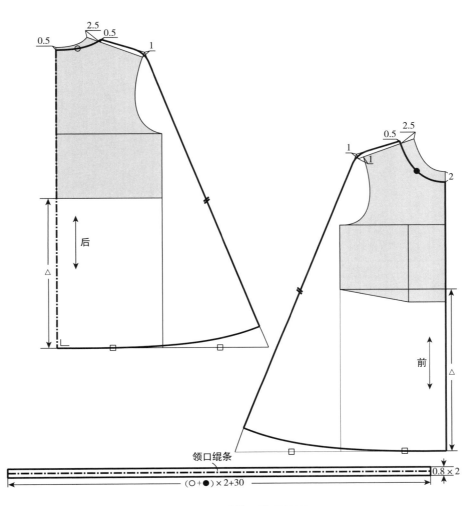

图3-100 斗篷纸样设计图

难,影响到袖子的功能性,此时需要在腋下做插角,或做成在腰部抽褶的夹克衫式设计。纸样设计中,从功能性和美观性两个方面出发,在设计中需要充分考虑放松量。在童装中,西式连袖服装主要是腋下没有插角的和服袖,多用于儿童运动服装中(图3-101)。

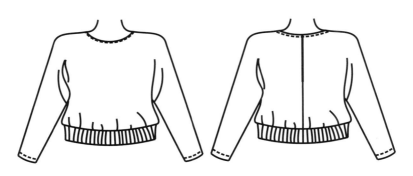

图3-101 和服袖款式设计图

和服袖纸样设计(图3－102)。

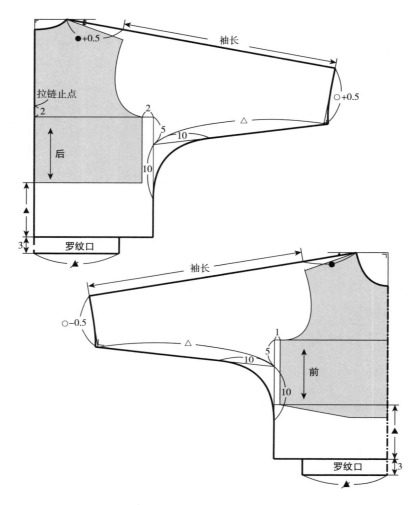

图3－102　和服袖纸样设计图

后片制图:

①确定胸围尺寸。$\frac{1}{2}$后片在原型胸围的基础上增加2cm,以体现宽松设计。

②做衣摆线。根据儿童年龄及款式确定衣长,运动类服装衣长不必太长,一般在臀围线以上。

③做袖山线。过后颈侧点做水平线,水平线与肩线夹角的角平分线作为袖山线。

④确定袖窿深点。袖窿要在原型基础上加深,加深量为设计量,其大小影响腋下皱褶的多少。

⑤确定袖长与袖口。袖长采用原型袖长,后袖口尺寸＝袖口尺寸＋0.5cm,袖口尺寸根据儿童年龄及款式造型确定。

⑥做腋下弧线。自袖窿深点分别沿袖缝线和侧缝线取10cm,两点做弧线连接,并分别与袖

缝线和侧缝线顺接。

⑦做下摆罗纹口。

前片制图：

①确定胸围尺寸。$\frac{1}{2}$前片在原型胸围的基础上增加 1cm。

②做衣摆线。宽松形设计不必考虑腹凸对衣长的影响,因此,自腰围基础线加长和后衣片相同的尺寸。

③做袖山线。前袖山线的倾斜度同后片,即自前颈侧点做水平线,取与后片相同的角度做前袖山线。

④确定前袖口尺寸。前袖口尺寸 = 袖口尺寸 - 0.5cm。

其他部位制图同后片。

第五节　口袋纸样设计

口袋是服装的主要配件,具有一定的功能性,同时也具有一定的装饰作用。口袋变化丰富,其变化主要体现在位置、形状、结构、大小、材料、工艺、色彩等方面。

一、口袋的类型

从结构上,口袋可分为挖袋、插袋和贴袋三类,每一类又有很多造型上的变化。

(一)挖袋

挖袋是在衣身的合适位置按一定形状剪开成袋口,袋口处以布料缉缝固定,内衬以袋里的口袋。挖袋具有轻便、简洁的特点,但工艺制作难度较大,质量要求较高。挖袋的变化主要体现在袋口有无袋盖方面。从袋口缝纫工艺的形式分,挖袋又分为单嵌线挖袋、双嵌线挖袋和袋盖式挖袋三种;从袋口形状分,有直列式、横列式、斜列式和弧列式等(图 3 - 103)。挖袋在童装中应用较广泛。

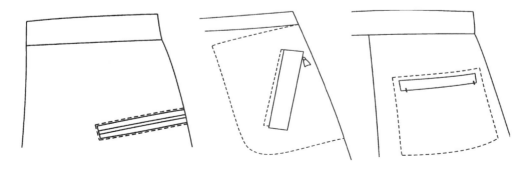

图 3 - 103　挖袋款式设计图

(二)插袋

插袋指在服装拼接缝间留出的口袋,由于口袋附着于服装部件,不引人注目,所以不影响服装的整体感和服饰风格,是较为朴素的一种袋型。插袋的装饰可以在袋口缉明线、加袋盖或镶边。

(三)贴袋

贴袋是将布料裁剪成一定形状后直接缉缝在服装上的一种口袋。由于袋口、袋身均在服装外部,因此具有较强的装饰性,视觉上能引人注意,还起到扩展衣身外形的作用。贴袋可以分为平面形明贴袋、立体形明贴袋和暗贴袋三种形式。

1. 平面形明贴袋

平面形明贴袋是最简单的一种形式,形状可以为四方形、长方形、尖角形、圆角形和不规则形等。在童装中可以把贴袋设计成各种仿生形图案,如水果、小动物、小船、小篮子等,能很好地适应儿童的心理特征和烘托天真活泼的可爱形象(图3-104)。

图3-104　贴袋款式设计图

2. 立体形明贴袋

立体形明贴袋指增设口袋的侧边厚度,突出口袋的体积感。如第一章图1-10所示。

3. 暗贴袋

贴合、固定在服装裁片反面的口袋为暗贴袋,一般袋口均处于服装各片的自然拼接缝处,其袋形均以显眼的明缉线的方式显现出来,因此,暗贴袋的变化反映在袋形、线迹、位置等几个方面。

二、口袋的设计

根据口袋的功能性和装饰性,对口袋的设计一般应考虑以下几点:

(一)功能性

从口袋的放手功能考虑,上衣大袋的尺寸应根据手的尺寸来设计。1~12周岁儿童手掌宽的尺寸受年龄影响较大,在6.5～11cm,上衣大袋袋口的净尺寸可按手掌宽加放3cm左右来设计。如果是缉明线的贴袋,还必须另加缉明线的宽度。对大衣类服装,考虑袋口和服装整体造型的协调,袋口加放量可适当加大。上衣小口袋更侧重于装饰性,若具有实用性,也可只用手指取物,因此袋口的净尺寸可略小于手宽。口袋的位置应与服装的整体造型相协调,要考虑与整件服装的平衡,同时又应该考虑口袋使用的方便,根据不同年龄儿童动作的差异,调整口袋的位置。

(二)造型特点

口袋本身的造型特点不仅要与服装的外形相协调,尤其是贴袋,也要考虑口袋随款式的特定要求而变化。在常规设计中,贴袋的袋底稍大于袋口,而袋深又稍大于袋底。贴袋还要与衣片的条格、图案、花纹、颜色相协调,口袋装饰要与年龄相协调,可与服装某部位的装饰或颜色相呼应,这样才能取得较为理想的外观效果。

第六节　上衣纸样设计

一、上衣纸样设计的方法

上衣纸样设计的方法主要分为立体纸样设计法和平面纸样设计法。

(一)立体纸样设计法

立体纸样设计法是一种靠视觉和感觉来造型的裁剪方法,它是将布料覆合在人体或人台上,根据设计者的设计构思,应用捏、别、画、剪等手法,得到所需服装款式的立体初样,然后做出相应的标记,最后展开、调整得到平面构图,经过试制、调整、确认后,再用所选面料正式制作。由于整体操作是在人体或人台上进行,三维设计效果到二维面料的转换和二维面料到三维成衣的转换具体、直观、随意,便于设计师设计思想的充分发挥和合体性的调整。立体纸样设计可以解决平面纸样设计中难以解决的不对称、多皱褶的复杂造型问题。但不足之处是成本高、效率低、经验成分浓。

(二)平面纸样设计法

平面纸样设计法是将服装立体形态通过人的思维分析,使服装与人体的立体三维关系转换为服装与纸样的二维关系,通过由实测或经验、视觉判断而产生的定寸、公式等方法得出平面的纸样。平面设计法具有简捷、方便、绘图精确的特点。但由于纸样和服装之间缺乏形象、具体的立体对应关系,影响了三维设计与二维纸样和二维纸样与三维服装之间的转换关系,因此也就影响了服装的适体性设计。童装平面纸样设计有以下几种方法:

1. 短寸法

短寸法是我国服装业在20世纪60～70年代所使用的一种方法,即先测量人体各部位尺寸,如衣长、胸围、肩宽、袖长、领围,然后加量胸宽、背宽、背长、腹围等多种尺寸,根据所测量的尺寸逐一绘制出衣片相应部位。日本、英国等几个国家,儿童身体各部位的测量尺寸比较具体,直接采用各个部位的尺寸制图,方便快捷。目前,短寸法在婴儿装的制图中应用比较广泛。

2. 比例法

比例法是以服装成品某部位尺寸为依据,按一定比例公式并加、减一定的调节数推算出其他各部位尺寸的方法。以成品胸围尺寸为依据推算出其他各部位尺寸的方法称为胸度法。比例法在我国服装行业应用比较广泛,一般有三分法、四分法、六分法、八分法和十分法等,而应用最为广泛的是十分法。

3. 原型法

原型法是人体基本形态的平面展开图,一般常见的有美国式原型、英国式原型、日本式原型等,在我国童装制图中应用的是日本文化式原型,童装原型适合于年龄 1～12 周岁的男女儿童。童装纸样设计是在原型的基础上,在具体部位通过放、减、展开、折叠等方法做出所需款式的图形。原型法制图的步骤如下:

（1）**后衣身**

①放出后胸围大小,放出后衣长（图 3 - 105）。

②定出袖窿深尺寸（图 3 - 106）。

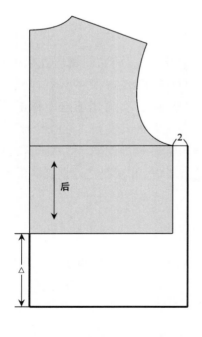

图 3 - 105　胸围与衣长的加放

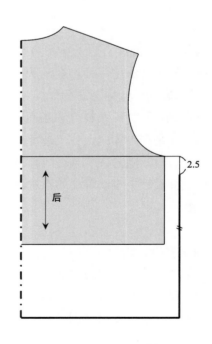

图 3 - 106　加深袖窿尺寸

③放缩领口、放缩后肩宽（图 3 - 107）。

④根据服装造型,画出袖窿形状（图 3 - 108）。

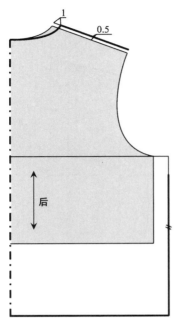

图3－107　领口与肩线的加放

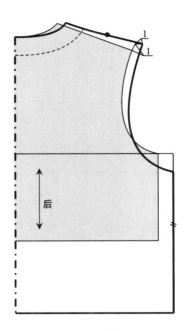

图3－108　绘制袖窿

（2）前衣身

①若前衣身需放出撇胸，应首先旋转原型。以a点为旋转点，旋转原型（图3－109）。

②放出前胸围大小，放出前门襟上下片重叠量，做出衣长辅助线（图3－110）。

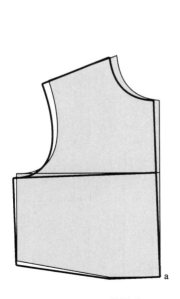

图3－109　做撇胸

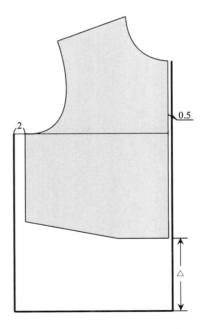

图3－110　胸围与衣长的加放

③放出前搭门量,定出前领深和前领宽,画出前领口弧线(图3-111)。

④按后肩缝量定出前肩缝量,画出前肩缝(图3-112)。

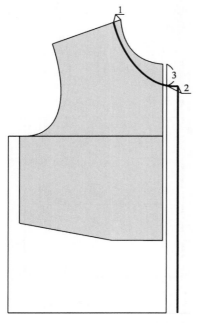

图3-111　搭门与领口弧线的绘制

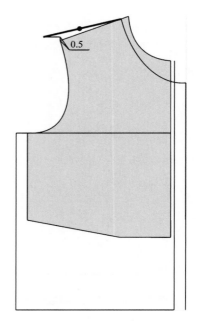

图3-112　肩缝的绘制

⑤按后衣身袖窿深定出前衣身袖窿深,按造型、儿童的年龄及体型定出前下垂量(图3-113)。

⑥按造型画顺前袖窿和底边,画出衣身内部构造图(图3-114)。

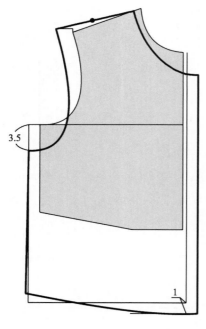

图3-113　袖窿与前身下垂量的绘制

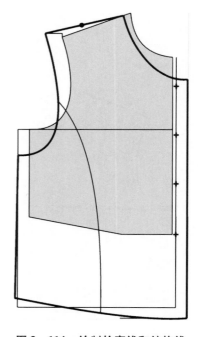

图3-114　绘制轮廓线和结构线

二、分割线的设计

分割线包括结构分割线和装饰性分割线两种。

(一)结构分割线

结构分割线不仅要塑造新颖的服装造型,同时要具有多种实用功能,如各种形式的省道线是为了适应儿童挺胸凸腹的体型特点,同时也是儿童舒适性和运动功能性的需要,并且要最大限度地减少成衣加工的复杂程度。结构分割线通常包括以下内容:

1.省道线

人体是曲面的,而面料是平面的,把平面的面料披在立体的人体上,根据人体的需要,把多余的面料剪掉缝合或收褶缝合,这样就能制作出适合人体体型的服装,被剪掉或缝合的部分就是省道。从几何学角度来看,省道缝合后往往形成圆锥或圆台的立体形状。

童装中比较常见的是胸省、背省、肩省、腹位省等,这些省根据服装造型和儿童年龄及体型的不同而不同。1～12周岁的儿童服装中,省道的设计通常是由省道转换而完成的,通过合理转换,塑造服装的立体造型和适体性,满足服装在造型和装饰效果上的构想。省道设计可以是单个集中,也可以是多方位分散,可以是直线形,也可以是弧线、曲线形,这些设计各有特色,具体应用要和服装的设计风格相一致。

单个集中的省道由于省缝量较大,往往形成尖点,外观造型较差,同时由于儿童的胸腰差量较小,该省道形式在全省使用的情况下受到很大的限制。多方位省道可使省尖处造型匀称而平缓,因此,多方位省道应用较常见。

省道形态的选择主要视衣身的贴体程度而定。不同的人体部位体现不同的曲面形态,要适应不同的贴体程度,就要选择与之相适应的省道形态。不能将所有省道的两边都缝成两道直形缝线,必须根据人的体型情况将它缝成弧形和有宽窄变化的省道。

省道量的设计理论上是以人体各截面围度量的差数为依据。差数越大,人体曲面形成角度越大,面料覆盖于人体时的余褶就越多,即省道量越大;反之,则省道量越小。

省端点的设计,一般省端点与人体隆起部位相吻合,但由于人体曲面是平缓变化而不是突变的,所以,实际缝制的省端点只能对准某一曲率变化较大的部位,而不能精确缝制于曲率变化最大点上。较小的儿童,腹凸比较明显,下垂量的应用应针对腹凸进行设计,由于腹凸的隆起面积较大,所以,针对腹凸的省的设计形式应多种多样。较大的女童形成了少女体型,胸点的间隔狭长,位置偏高,针对胸凸的省尖点的位置就偏高,又因为其胸腰差量小于成年人,所以省道量较小,省的形状呈锥形。

2.连省成缝分割线

服装衣片要与人体曲面相吻合,需在纵向、横向和斜向做出各种形状的省道,但在一片衣片上做过多的省道,一则影响成品的外观,二则影响成品的缝制效率和穿着的牢度,因此在不影响款式造型与合体性和舒适性的基础上,常常将相关联的省道用衣缝来代替,即连省成缝。如公主线和背缝线可以充分显示人体的侧面形态,侧缝线和肩缝线可以充分显示人体的正面形态。连省成缝的基本原则:

①省道在连接时应考虑连接线要尽量通过或接近该部位曲率最大的工艺点，以充分发挥省道的合体作用。

②当经向和纬向的省道连接时，一般从工艺角度考虑，以最短路径连接，并使其具有良好的可加工性、贴体功能性和美观的艺术造型；从艺术角度考虑，省道连接的路径要服从于造型的整体协调和统一。

③省道在连接成缝时，应对连接线进行细部修正，使缝线光滑美观，而不必拘泥于省道原来的形状。

④省道的连接如按原来的形状连接不理想时，应先进行省道的转移再进行连接，但须注意转移后的省道应指向原来的工艺点。

3. 开衩

开衩是为了满足人体可动性而设计的，它是剪开后不缝合的结构分割线，且具有装饰性。按其所在的位置，开衩又可分为侧开衩、前开衩、后开衩、领开衩、肩开衩、裤口开衩，较小的儿童又有裆部开衩等（图3-115）。

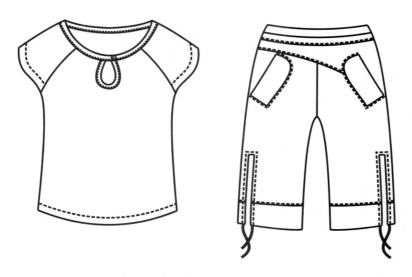

图3-115　开衩设计

4. 门襟

门襟是满足人穿脱舒适的需求而设计的，它是剪开后不缝合的分割线，需要一定的扣系形式完成服装的整体造型。

服装大多是在前衣片的正中开襟，具有方便、明快、平衡的特点，一般分为对合襟和对称门襟。对合襟是没有搭门的开襟形式，扣系形式可以采用拉链、线襻、绳带等。对称门襟是有搭门的开襟形式，分左右两襟，扣系形式采用纽扣，眼位的一侧称作大襟，扣位的一侧称作里襟，两襟搭在一起的重合部分称作搭门。前开襟有单排扣和双排扣之分。单排扣是最常见的形式，搭门宽度根据服装的品种和面料的厚薄而定，儿童服装搭门宽度一般在1～2cm。单排扣服装又有明门襟、暗门襟之分，正面能看到纽扣的称作明门襟，纽扣缝在衣片夹层的称作暗门襟。双排扣的搭门宽度根据个人爱好和款式而定,一般在 4~10cm。门襟又可分为对称襟和非对称襟,非对称襟又可分为直线襟、斜线襟和曲线襟等。按门襟的长度又可分为半开襟和全开襟等。

　　童装的开襟部位比较灵活,除在前部开襟外,还可开在肩部、腋下、侧缝、后背、裆部等部位(图 3 –116)。

图 3 –116　婴儿连体装开襟设计

(二)装饰性分割线

　　服装中装饰性分割线主要是指由于审美视觉需要设计的分割线,它在服装中主要起装饰作用。在不考虑其他造型要素的情况下,装饰分割线可以通过位置、形态、数量的改变表达活泼、秀丽、柔美、粗犷等不同的服装面貌。装饰性分割线通过褶线、嵌线、缉线、边线等工艺形式来表现。

三、褶裥的设计

　　褶裥是服装中常见的一种结构设计形式,它通过将面料缝制、折叠形成多种线条形式。褶裥具有多种功能。首先,褶裥具有多层性的三维立体效果;其次,褶裥具有运动感,它的方向性很强,并通过特定方向牵制人体的自然运动,富有秩序的不断变换给人以飘逸之感;再者,褶裥具有装饰性,褶裥的造型会产生立体感、肌理感和动感,因此也会改变人体本身的形态特征,使着装的人体产生造型上的视觉效应和丰富的联想。

　　儿童由于胸廓较短而阔,腹部浑圆而凸出,抽褶、打裥的形式既可增大服装的宽松量,便于儿童活动,又可补偿儿童体型轮廓,增添活泼可爱的情趣。

　　褶的分类有两种:

(一)自然褶

　　自然褶具有随意性、多变性、丰富性和活泼性的特点,它又分为两种:

1. 波形褶

波形褶是指通过结构处理使其成型后产生自然均匀的波浪造型。常用的结构设计方法是进行衣片的切展处理。这种褶饰线条优美流畅、自然、潇洒飘逸(图3－117)。

2. 缩褶

缩褶是指把接缝的一边有目的的加长,其多余部分在缝制时缩成碎褶,成形后呈现有肌理的褶皱(图3－118)。缩褶的工艺处理方法多种多样,可采用最简单的纳缝,拉紧缝线;也可采用橡筋回弹形成皱褶;工业生产中可采用送布牙和压脚不同步运行进行缩褶等。

图3－117　波形褶设计

图3－118　缩褶设计

(二)规律褶

规律褶表现出有秩序的动感特征,其线条挺拔、富有节奏感,又称作褶裥。按照形成褶裥的形态,褶裥分为以下几种:

①顺褶:向同一方向打折的褶裥,既可向左折倒,又可向右折倒。

②箱形褶:同时向两个方向折叠的褶裥。

③阴褶:当箱形褶的两条明折边与邻近褶的明折边相重合时,就形成了阴褶。

④风琴褶:面料之间没有折叠,只通过熨烫定型,形成褶裥效果。

褶裥的变化既可以是自身工艺装饰手法、宽窄的变化,也可以与其他装饰手法相结合进行设计。

四、上衣原型前身下垂量的纸样设计

童装原型与女装原型非常相似,它们都具有前身下垂量。所不同的是女装原型中的前身下垂量是针对胸凸设计的,而童装原型中的前身下垂量根据儿童年龄的不同而有不同的意义。儿童的体型特点是挺胸凸腹,但在不同年龄段,其挺胸凸腹的特点有所不同,因此,前身下垂量的纸样设计形式也就有所不同。儿童年龄越小,腹凸越大,前身下垂量主要是针对腹凸而设计;随着儿童年龄的增长,腹凸越来越小,对于女童来讲,胸凸会越来越明显,因此,前身下垂量的设计既有腹凸量,又有胸凸量。童装纸样设计中,没有下垂量的设计会使服装出现前短后长的弊病。

童装原型中,前身下垂量的计算方法是后领高 $+0.5cm$,即 $\frac{1}{3} \times (\frac{1}{20}B + 2.5cm) + 0.5cm$,胸围为 $48 \sim 72cm$ 儿童的前身下垂量的数值见表 $3-2$。从表中可以看出,胸围 $48 \sim 72cm$ 儿童前身下垂量的数值范围在 $2.10 \sim 2.53cm$,胸围相差24cm,而下垂量的数值只相差约0.4cm。在进行童装纸样设计时,对于紧身及合体类上衣,下垂量不能随意抹去,图 $3-119$ 属于错误的处理方式。

表 3－2　胸围 48～72cm 儿童前身下垂量数值　　　　　　　　单位:cm

部位	数　值						
胸围	48	52	56	60	64	68	72
下垂量	2.10	2.20	2.26	2.30	2.40	2.47	2.53

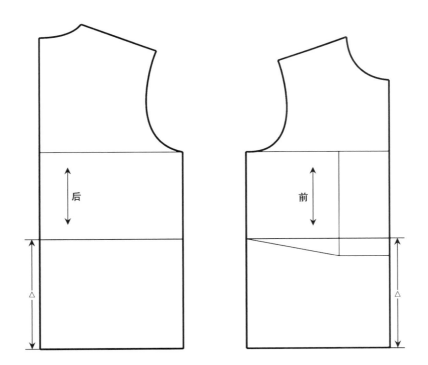

图 3－119　前身下垂量的错误处理

童装纸样设计中,前身下垂量的处理方式通常有以下几种:

(一)直接收省

女装中若直接利用原型收侧缝省,其省尖点指向胸点,省无论转移到什么位置,其省尖点均指向胸点。但在童装中,若直接在衣身上收省,其省尖点应指向腹凸的位置,这样就可以很好地解决儿童腹凸的问题(图 $3-120$)。

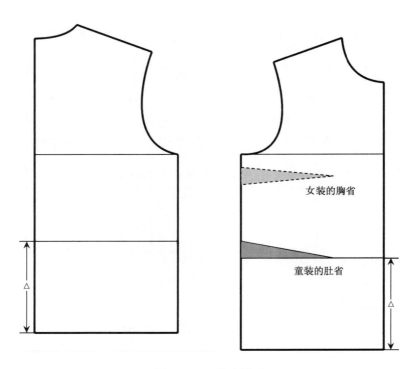

图3－120 肚省原理

在款式设计中,直接在腹部出现横省的情况比较少见。若采用腹部横省,应在该部位进行细节设计,对横省进行装饰处理。如在腰部设有断缝,可在断缝中设计腰部横省,既起到适体的作用,造型上又比较美观(图3－121)。纸样设计图中,原型中的前身下垂量全部应用在断缝设计中(图3－122)。

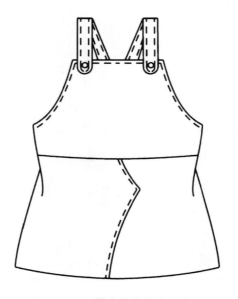

图3－121 横省装饰款式设计图

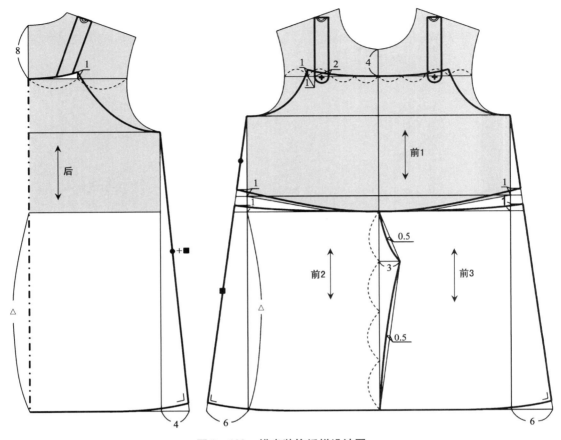

图 3 – 122　横省装饰纸样设计图

(二)转省

　　童装中的转省类似于女装的转省,只是女装是将胸省转移到其他部位,而童装是将肚省转移到其他部位,形成分割线或碎褶的形式(图 3 – 123)。

图 3 – 123　采用碎褶形式旋转肚省的款式设计图

进行款式设计时,应首先按照款式造型确定剪开线的位置;其次将肚省全部转移到剪开线的位置,转移的省量作为抽褶量,若褶量较多,可以进行剪切加量处理;最后按照造型确定其他部位的轮廓线及内部结构线(图3－124)。

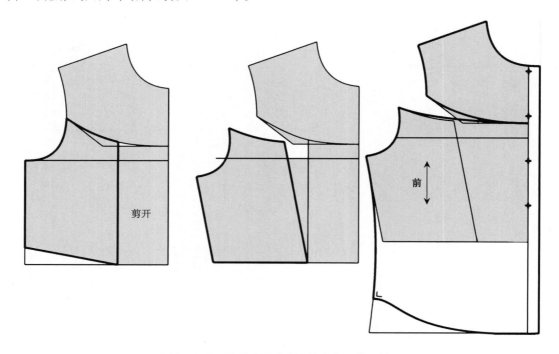

图3－124　采用碎褶形式旋转肚省纸样设计图

(三)前袖窿下挖

前袖窿下挖实际上是将部分肚省转移至前袖窿处,在实际制作中又并未缝合成形,而使其形成浮余留在袖窿处。转移量不宜太大,一般是0.5～1cm,这个量对服装的造型影响不大,又可以分散一部分肚省(图3－125)。

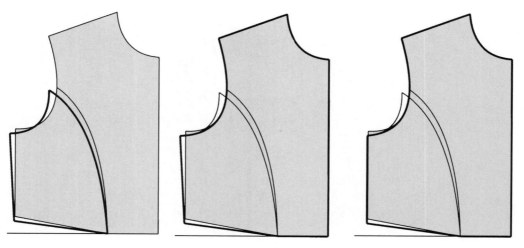

图3－125　前袖窿下挖转移肚省

（四）前底摆起翘

在无省的情况下,仅靠前袖窿下挖平衡不了前后侧缝的差。在前底摆处做起翘,就可以粗略地解决这个问题。但这种做法是平面化的结构处理方法,它是将腹凸量人为地减小而形成的。一般情况下,前袖窿下挖和前底摆起翘的方法配合使用,适用于比较宽松和平衡感较强的服装(图3－126、图3－127)。

（五）撇胸

撇胸是把原型肚省的一部分转移至前中心的位置,主要适用于开放式领型。

图3－126 前底摆起翘转移肚省款式设计图

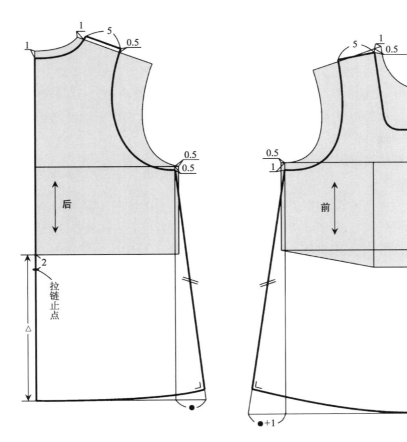

图3－127 前底摆起翘转移肚省纸样设计图

(六)综合法

童装纸样设计中,前身下垂量的解决方法往往是以上几种方法的综合应用。

五、不同造型童装纸样设计

(一)服装造型与儿童体型

服装造型的对象是人,而人的形象又与人体的结构、运动紧密联系。服装不仅要将人体装饰得美,而且应在最大范围内符合人体结构和运动规律,使之穿着舒适,便于活动。

服装穿着的目的是要彰显人体的美,弥补人体体型的不足。几乎各个时期儿童的头身比例都小于成年人,越小的儿童,下肢与身长比越小,颈部越短,而胸腹凸出越明显,因此要求服装在造型上能掩饰儿童体型的不足。儿童着装的审美与成人不同,成人服装造型应能展示性别、突显异性美,而儿童是以合体、舒适、运动与不阻碍成长发育为目的,应能体现儿童的天真与活泼,符合儿童的运动特点,满足儿童的活动规律。

(二)服装造型与外轮廓型

通过服装的造型,对儿童的外形进行改造,着装后使儿童体现各种各样符合人们审美习惯的形态,而服装外轮廓型能直观地体现这种改造的结果。

1. 服装外轮廓型的含义

服装外轮廓型是人体着装后的正投影和侧投影。它是根据人们的审美理想,通过服装面料与人体的结合,运用一定的造型设计和工艺手段形成的一种外轮廓状态。服装外轮廓型可以简洁、直观、明确地反映服装造型的形态特征。它进入人们视觉的强度和速度高于服装款式的细节,因而能最先反映服装的美感。

2. 服装外轮廓型的影响因素

(1)民族文化的影响

服装的外轮廓型受到民族文化的极大影响。由于受到中国特有的审美价值、道德规范的影响,传统的中华民族服装的造型基本上是筒形的,其造型没有突显人体的特征,而是充分发挥着掩盖人体的作用。西方则不同,其服装外显而张扬,充分突显形体的美感。在18世纪以前,童装外轮廓型的变化和成人的变化规律是一致的,是成人服装的小型化。

(2)性别、年龄的影响

性别与年龄不同,服装的外轮廓型也不同。男装一般是加宽上体、减弱下体的外轮廓型,使男性显得魁伟、勇猛;女装的外轮廓型比较丰富,可以是加宽上体、减弱下体的中性化服装,也可以是收紧腰部、突出胸部与臀部的、体现女性婀娜多姿的女性化服装;儿童的外轮廓型以舒适、不阻碍活动和不影响生长发育为原则,因此,宽松服装较为常见。

3. 影响童装外轮廓型的部位

(1)肩部

肩线的位置、肩形的变化会对服装的造型产生影响,肩部制作工艺的变化,也会产生新的外轮廓型。

（2）腰部

腰部是影响服装外轮廓型的重要部位，主要体现在腰线的高低、腰围松量的大小等方面。

（3）臀部

臀部对童装外轮廓型也有很大的影响，臀部造型的不断变化也会带来外轮廓型的变化。

（4）底摆线

底摆线是童装外轮廓型的主要影响因素，其形状变化丰富，受流行影响的因素较大。

（5）围度

围度设置是服装与人体之间横向空间量的处理。在人体的不同部位，由于服装内空间量比例设置的不同，会产生截然不同的外轮廓型的变化。如胸、腰、臀内空间量依次递减，有意识加大上部、减弱下部，就形成 T 形服装轮廓；胸、腰、臀内空间量大致相等，就形成 H 形服装轮廓；胸、腰、臀内空间量依次递增，就形成 A 形服装轮廓。

4. 童装外轮廓型的分类

童装的外轮廓型和成人装一样常常采用字母形态表示服装的造型特点。常见的有以下几种：

（1）H 形

H 形又称箱形、长方形，它是腰部较宽松的服装造型。其肩、腰、臀和下摆的宽度无明显差别，呈直筒状，可以是修长、纤细，也可以是宽大、舒展。童装中有直身外套、直身大衣、衬衫、直筒裤和直筒连衣裙、婴儿睡袋衣等。一般来讲，H 形的服装细部设计也比较简洁、明快，该服装有轻松、飘逸的动态美，有舒适方便、简练随意的特点。

（2）A 形

A 形指上小下大造型的服装，造型相当于几何图形中的等腰三角形、等腰梯形、塔形等。A 形服装不收腰或略收腰，下摆宽大，造型生动、活泼、可爱，适合于正在生长发育的少年儿童的穿着。A 形服装既可用于整体服装造型，又可用于服装部件设计。童装中的斗篷形披风、小号形大衣、喇叭式长短裙和连衣波浪裙等都是上体贴身而下体外张的式样。

（3）T 形

T 形服装造型的特征是上大下小的倒梯形结构，同 V 形服装类似，但儿童 T 形服装肩部的夸张比成人要小。T 形服装既可用于整体服装造型，也可用于服装部件设计。童装中的泡泡袖上衣、泡泡袖连衣裙等都是具有夸张肩部的 T 形结构。

（4）O 形

O 形也称气球形、圆筒形、椭圆形等，其造型特点是中间膨胀、肩部和衣摆向内收拢，服装外轮廓无明显棱角，腰部宽松。这种造型活泼可爱、趣味感、体积感强。在日常服装设计中，适合作为服装的一个组成部分，如袖、裙、上衣、裤子等，童装中的斗篷形外套、半截裙、连衣裙、婴儿连体裤等，都是具有 O 形圆润感外观的式样，O 形服装造型具有多变的艺术效果。

六、不同款式童装纸样设计

（一）衬衫

衬衫是儿童时期最主要的服装之一。衬衫可以作为正式的服装外穿，也可以内穿，在其外面配以背心、毛衣、夹克、大衣等;可以做成无袖或短袖在夏季穿着,也可以做成棉衬衫在冬季穿着。因此,衬衫适合于各个年龄段的儿童在各个季节穿着。

根据穿着目的或穿着状态的不同,衬衫所选择的面料也不同。夏季穿着时,应选用吸湿、透气性好的棉、丝、麻等天然纤维面料或人造棉、天丝、莫代尔等再生纤维素纤维面料,但这些面料耐水洗和耐磨性较差,而且易出皱褶,因此较大儿童外穿或校服类衬衫,可以选择以上纤维和化学纤维的混纺织物,使其既具有天然纤维材料的优点,又具有化纤材料易洗快干、耐磨和保形性好的优点。秋冬季穿着时,应选用具有一定厚度的单面绒、双面绒、灯芯绒、薄毛制品等抗静电性较好的织物。带领座的衬衫应选用具有一定挺度的面料,而礼服类衬衫应选择悬垂性较好的面料。总之,面料的选择影响到上衣的款式、穿着的季节和缝制的工艺,从而关系到穿着的舒适性和加工质量的好坏,应十分注意面料选择。

衬衫的设计根据穿着目的的不同而不同。日常穿着的衬衫设计要简单,穿脱要方便,可加花边、波形褶等装饰,也可在不同部位进行配色装饰。外出穿着的衬衫设计要大方、美观,面料及色彩要漂亮,可以采用多种装饰技法,如刺绣、印花、烫贴、丝带装饰、花边装饰等,色彩装饰要和外衣相吻合。但衬衫的装饰不宜太多,否则就会失去儿童活泼、纯真的感觉。

1. 平领衬衫

(1) 款式风格

适体形设计,衣长适中,轮廓造型H形。平领宽度适中,缩袖头,袖口装饰碎褶(图3－128)。

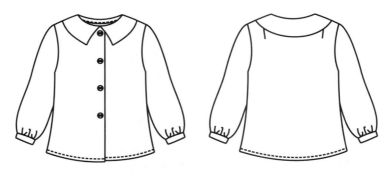

图3－128　平领衬衫款式设计图

(2) 适合年龄

1~12周岁的女童。

(3) 规格设计

衣长=背长+0.5背长左右(约至臀围线的位置);

胸围=净胸围+(10~14cm)放松量,根据年龄的不同适当调整,1~3周岁可采用原型给定的14cm松量,4~9周岁胸围放松量可调整为12cm,10周岁以上可采用成人放松量10cm;

袖长=原型袖长。

以身高120cm儿童为例:

衣长=28cm+15cm=43cm;

胸围=62cm+12cm=74cm;

袖长＝38cm。

（4）纸样设计图（图3-129）

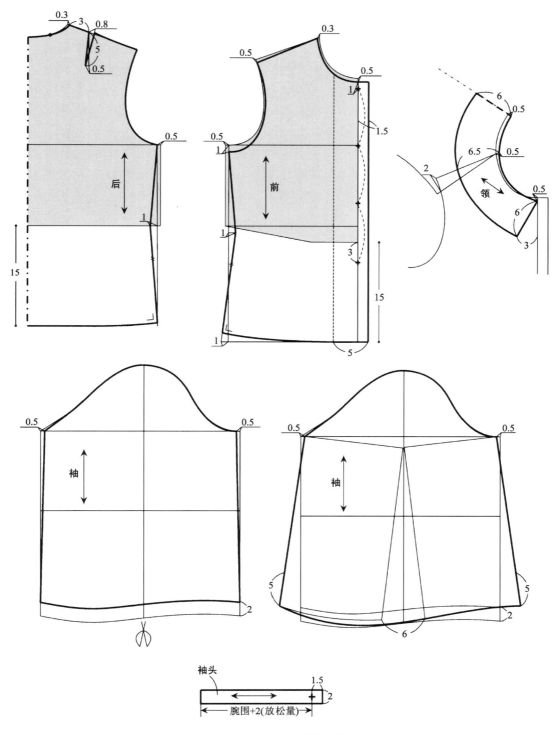

图3-129　平领衬衫纸样设计图

利用衣身原型对衬衫衣身及衣袖进行制图。

后衣身制图：

①确定胸围尺寸。每 $\frac{1}{4}$ 片收进 0.5cm。

②做衣摆辅助线。衣长在臀围线上下的位置，自腰线向下 15cm 做平行线确定。

③做后领口弧线。领宽自颈侧点沿肩线移下 0.3cm，领深不变。

④做后肩胛省、修正后肩线。省的一边在距颈侧点 3cm 的肩线上，过该点做垂线长 5cm（省的位置和长度应根据年龄进行调整），省尖点向后中心偏移 0.5cm。省宽 0.8cm。调整省两边的长度使其相等。分别连接颈侧点和肩端点。

⑤做后侧缝线。收腰量为设计量，根据儿童年龄不同进行调整，较大的儿童收进量可大一些，以突出窄腰的造型，较小的儿童可以不收，以突出其舒适的特性。底摆宽等于胸围尺寸。

⑥做底摆弧线。

前衣身制图：

①确定胸围尺寸，做搭门线。胸围收进量同后片，搭门宽 1.5cm。

②做前领口弧线。前领宽等于后领宽，领深在原型基础上增加 0.5cm。

③做前肩线。前肩端点在原型基础上移下 0.5cm，过原型肩线的中点，弧线连接领宽点和肩端点。

④做前袖窿弧线。袖窿开深 1cm。

⑤做侧缝线。收腰量同后片，腰线对位。前底摆展宽 1cm，以适应儿童挺胸凸腹的特点。

⑥扣位的确定。第一粒扣距领深点 1cm，最后一粒扣在腰线下 3cm 的位置，三等分第一粒扣到最后一粒扣的距离，等分点为其他两粒扣的位置。

⑦做贴边。贴边宽 5cm。

其他部位制图同后片。

领子制图：

领子采用图 3-41 平领 1 的制图方法。

肩部搭接量 2cm，前后领宽 6cm，肩部领宽 6.5cm，前中心开度为 $\frac{1}{2}$ 领宽。

衣袖制图：

利用原型袖对衣袖进行制图。

①确定袖肥尺寸。前后袖肥分别收进 0.5cm，以适应胸围尺寸的变化。

②确定袖长线。袖口线向上平移 2cm，留出袖头宽。

③剪切加量。沿袖中线和前后落山线进行剪切旋转，旋转量为设计量，但该量不宜太大，若抽褶量较多，应采用多部位剪切。

④修正袖口弧线。

⑤确定袖开衩的长度。袖开衩在袖缝线上，长度 5cm。

袖头制图。袖头宽 2cm，长为腕围+2cm 放松量，袖头搭接量 1.5cm。

2. 衬衣领衬衫

（1）款式风格

宽松形设计,衣长适中,轮廓造型为 H 形。带领座的衬衣领型,绱袖头,传统男式衬衫袖,肩部育克设计,后中心有褶裥,左前片有胸袋,明贴边(图 3－130)。

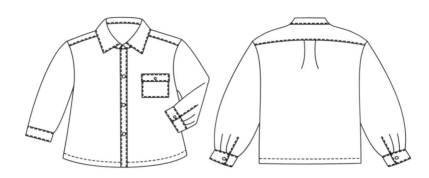

图 3－130　衬衫领衬衫款式设计图

（2）适合年龄

1～12 周岁的男女儿童。

（3）规格设计

衣长 = 背长 +0.5 背长左右(约至臀围线的位置);

胸围 = 净胸围 +18cm 放松量;

袖长 = 原型袖长。

以身高 120cm 儿童为例:

衣长 = 28cm + 15cm = 43cm;

胸围 = 62cm + 18cm = 80cm;

袖长 = 38cm。

（4）纸样设计图（图 3－131）

利用衣身原型对衬衫衣身及衣袖进行制图。

后衣身制图:

①确定胸围尺寸。每 $\frac{1}{4}$ 片放出 1cm。

②做衣摆线。自腰线向下 15cm 做平行线确定。

③做后领口弧线。领宽自颈侧点沿肩线移下 0.5cm,领深不变。

④做后肩线。宽松形衬衫不收肩省,因此自肩点沿肩线内收 1cm。为了适应宽松衣袖的需要,肩的倾斜角度要减小,肩宽要增加,因此肩点抬高 0.5cm,肩宽加宽 1.5cm。

⑤做袖窿弧线。袖窿适应衬衫宽松性的要求,袖窿深点在原型基础上下落 1.5cm。

⑥做后片育克分割线。后中心育克宽 5cm,分割线为水平线。

⑦做后中心褶裥线。后中心褶裥量 2.5cm。

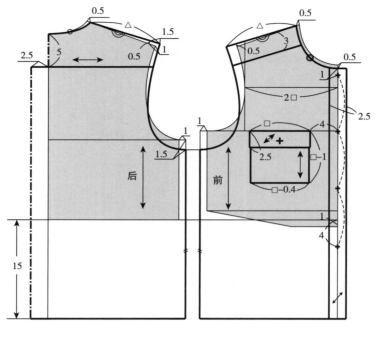

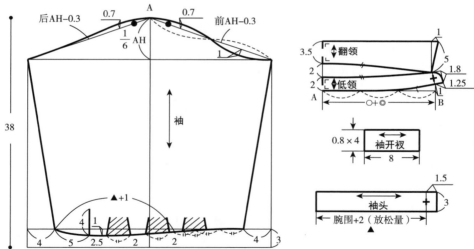

图3-131　衬衫领衬衫纸样设计图

⑧做侧缝线。衣摆宽和胸围尺寸相等。

前衣身制图：

①确定胸围尺寸，做明贴边。前后胸围尺寸相等，明贴边宽2.5cm。

②做衣摆线。宽松形衬衫原型下垂量并不全部应用，本款在原型下垂量的基础上减小1cm做前片新的腰线，自该线向下15cm做衣摆线。

③做前领口弧线。前领宽等于后领宽，领深在原型基础上增加0.5cm。

④做肩线。肩点抬高0.5cm，长度同后片。

⑤做袖窿弧线。前片袖窿开深量根据后片确定，前后片腰线以上侧缝长度相等，以此为依

据,确定袖窿开深量。

⑥做前育克线。前育克宽3cm。

⑦扣位的确定。第一粒扣距领深点1cm,最后一粒扣在腰线下4cm的位置,三等分第一粒扣和最后一粒扣之间的距离,以确定其他两粒扣的位置。

⑧胸袋的确定。口袋宽度等于$\frac{1}{2}$前胸宽,长度等于宽度－1cm。位置根据年龄及造型确定。袋盖宽2.5cm,长比口袋宽0.4cm。

领子制图:

领子采用图3－49衬衫领的制图方法。

后领座宽2cm,前领座宽1.8cm,搭门量和衣身搭门相同,宽度为$\frac{1}{2}$贴边宽1.25cm,领台修成圆角。领面后中宽度为3.5cm,前宽为5cm,根据造型做翻领外口线。

衣袖制图:

采用原型衣袖的制图方法,调整部分尺寸。

袖山高为$\frac{1}{6}$AH,前袖山斜线长为前AH－0.3cm,后袖山斜线长为后AH－0.3cm,前后袖口宽分别为前后袖宽－4cm,后袖中心点外凸1cm,后开口位置距后袖口点5cm,开口长度4cm。褶裥数量3个,大小为$\frac{袖口绘图尺寸－实际袖头尺寸＋1cm}{3}$,第一个褶裥距后开口2.5cm,褶裥间距2cm。

做袖头。袖头宽3cm,长为腕围＋2cm放松量,袖头搭接量1.5cm。

做开衩布。开衩布长8cm,宽为0.8×4cm。

(二)罩衣

罩衣是常见的儿童服装款式,常用于较大的婴儿至整个幼儿阶段。罩衣属于外衣的范畴,穿着季节在春季、秋季和冬季。罩衣具有广泛的适用性,其设计特点是易于穿脱,便于洗涤,穿着舒适。结构上一般采用插肩袖,也可采用装袖。除作为一般服装穿着外,还可以用作幼儿吃饭用衣。

根据穿着目的不同,罩衣所选用的面料也不同。因为罩衣要体现便于洗涤的特点,所以所采用的面料一般为薄形面料,比较常见的是纯棉织物和涤棉混纺织物。若用作幼儿吃饭的罩衣,可选用防水面料制作。

(1)款式风格

宽松形设计,衣长适中,轮廓造型为A形。普通宽度的平领设计,插肩袖,衣身多褶裥(图3－132)。

(2)适合年龄

1~6周岁的男女儿童。

(3)规格设计

衣长＝背长＋固定数值(该固定数值为设计量,根据款式与年龄的变化设计);

胸围＝净胸围＋16cm放松量＋前后中心褶量12cm;

图 3 - 132　罩衣款式设计图

袖长 = 原型袖长。

以身高 120cm 儿童为例：

衣长 = 28cm + 15cm = 43cm；

胸围 = 62cm + 16cm + 12cm = 90cm；

袖长 = 38cm。

(4)纸样设计图(图 3 - 133)

利用衣身原型进行制图。

后衣身制图：

①确定胸围尺寸。每 $\frac{1}{4}$ 片加放 0.5cm。

②做衣摆辅助线。自腰线向下 15cm 做平行线确定。

③确定后肩宽尺寸。自后肩端点向里移进 1cm，使前后肩宽尺寸相等。

④做领口育克。育克宽 8cm。

⑤做后中心褶量。衣身后中心褶量 3cm。

⑥做身袖公共边线。三等分后领口弧长，上 $\frac{1}{3}$ 点作为插肩点。在背宽线上，自胸围点向上取 2cm，作为身袖交叉点。

⑦做后袖中线。袖斜采用肩斜的斜度，插肩袖褶量 3cm。

⑧做落山线。在肩线延长线上，自肩点取袖山高 $\frac{1}{4}$AH 做后袖中线的垂线，AH 为原型袖窿弧长。

⑨确定袖窿深点、做腋下弧线。袖窿开深 1cm，自身袖交叉点分别向袖窿深点和落山线做弧，由此确定后袖宽点。

⑩做袖口线。自肩端点取袖长 -2cm 袖头宽做袖口辅助线，在袖中线处延长 1.5cm。自袖宽点向袖口辅助线做垂线，自交点沿袖口线上移 1.5cm 作为袖缝点，该点和袖中线 1.5cm 点弧线连接。

⑪做侧缝线、衣摆弧线。衣摆展开量为 4cm。

⑫确定开口止点的位置。开口止点在腰围线下 3cm 处。

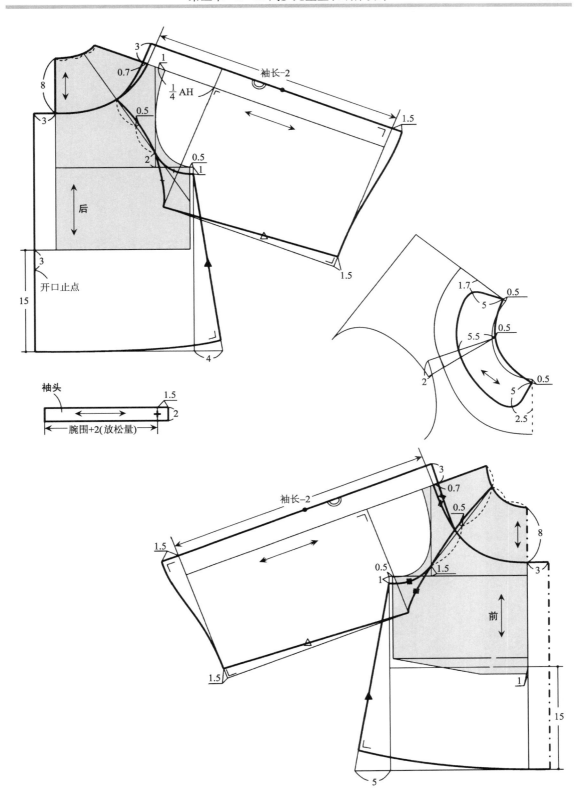

图 3 - 133　罩衣纸样设计图

前衣身制图：

前片和后片做法基本相同，不同点在于：

①前身袖交叉点。前身袖交叉点在胸宽线上1.5cm的位置。

②衣摆展开量。前衣摆展开量大于后片，取5cm。

③前腰围线的确定。图中款式为宽松造型，因此前身下垂量在原型基础上减去1cm。前腰围线上移1cm作为新的腰围线。

④前中心不分割，前中心线做双折设计。

领子制图：

领子采用图3－41平领1的制图方法。

肩部搭接量2cm，前后领宽5cm，肩部领宽5.5cm，前中心开度为$\frac{1}{2}$领宽2.5cm，后中心开度为$\frac{1}{3}$领宽1.7cm。

袖头制图：袖头长为腕围＋2cm放松量，宽2cm。

（三）马甲

马甲又称作背心，是穿在衬衣或毛衣外面的无袖上衣。马甲既可以用来调节冷暖，又可以用来装饰打扮，它对于身材的可塑性非常大，变化也多种多样。因其穿脱方便，所以在童装中有广泛的应用。

马甲设计随其长度、宽松量、领子或束带等附属物的变化而有很大的变化空间。在面料的选取上也比较广泛，可以是机织面料和针织面料，也可以是编织产品，纤维成分多采用羊毛、棉以及合成纤维织物纯纺或混纺而成。

1. 基本型马甲

（1）款式风格

合体形设计，"V"字领，前片下摆呈三角状，左右前片各有一袋板式口袋，后中心腰围处有装饰调节襻，款式不随流行发生变化（图3－134）。

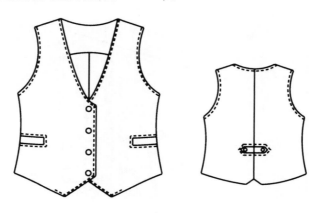

图3－134　基本型马甲款式设计图

（2）适合年龄

1～12周岁的男女儿童。

（3）规格设计

后衣长 = 背长 + 固定数值（固定数值随年龄和款式的变化而变化）；

胸围 = 净胸围 + 16cm 放松量。

以身高 120cm 儿童为例：

后衣长 = 28cm + 10cm = 38cm；

胸围 = 62cm + 16cm = 78cm。

（4）纸样设计图（图 3 － 135）

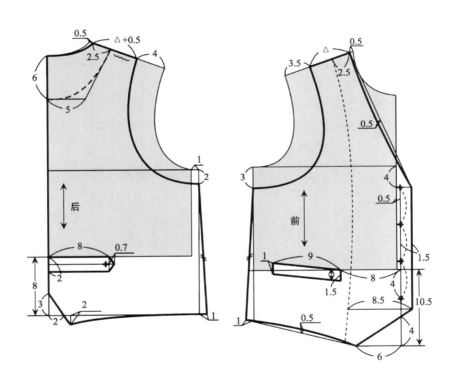

图 3 － 135　基本型马甲纸样设计图

利用衣身原型对马甲进行制图。

后衣身制图：

①确定后胸围尺寸。$\frac{1}{2}$后胸围尺寸加放 1cm，以适应背部活动的需要。

②做后衣摆辅助线。自腰围线向下 8cm 做水平线确定。

③确定袖窿开深量。袖窿开深 2cm，该量为设计量，根据穿着需要适当调整。

④做后领口弧线。领宽自颈侧点移下 0.5cm，以适应外衣穿着的需要。

⑤确定肩宽，绘制袖窿线。根据款型设计肩宽尺寸，自原型肩点沿肩线移进 4cm。

⑥做后衣摆开衩。自衣摆后中点沿后中线量取 3cm,沿衣摆辅助线量取 2cm,连接两点并延长,使后开衩点距衣摆辅助线 2cm,保证 38cm 的后衣长尺寸。

⑦做衣摆线和侧缝线。侧缝衣摆展开 1cm。

⑧做后腰调节襻。调节襻长 8cm,宽 2cm,宝剑头 0.7cm。

⑨做后领口贴边。后中心宽度 6cm,肩部宽度 2.5cm。

前衣身制图:

①确定前中心重叠厚度和搭门宽度。前中心放出面料厚度和重叠量 0.5cm,搭门宽 1.5cm。

②做前衣摆辅助线。前衣长根据款型设计,自腰线向下固定尺寸 10.5cm 做水平线确定。

③做前领口弧线。前领宽等于后领宽,领深自胸围线移下 4cm。

④确定前肩宽。前肩宽尺寸比后肩宽小 0.5cm。

⑤确定袖窿深点、做袖窿弧线。袖窿腋下开深 3cm。

⑥做前衣摆三角。自衣摆前中点沿前中心线量取 4cm,沿衣摆辅助线量取 6cm,连接两点并延长,和搭门线相交。

⑦做衣摆线。侧缝衣摆展开 1cm,连接衣摆展开点和前三角点,并在中点内凹 0.5cm。

⑧确定扣位。第一粒扣和领深平齐,最后一粒扣在腰围线下 4cm 外,三等分第一粒扣和最后一粒扣之间的距离,以确定其他两粒扣位。

⑨确定口袋大小和位置。口袋大小和位置是设计量,其影响因素为款式造型和儿童掌围大小。

⑩做贴边。肩部贴边宽度 2.5cm,下摆处宽度 8.5cm。

2.变化款马甲

(1)款式风格

胸部以上合体、胸部以下宽松设计,A 形廓型,平领,前片下摆呈三角状,左片有一装饰贴袋(图 3－136)。

图 3－136 变化款马甲款式设计图

（2）**适合年龄**

1～12周岁的女童。

（3）**规格设计**

衣长＝背长＋固定尺寸（固定尺寸随年龄的变化而变化，长度约在臀围线的位置）；

胸围＝净胸围＋（10～14cm）放松量，年龄较小的儿童，放松量较大，年龄较大的儿童，放松量较小。

以身高120cm的儿童为例：

后衣长＝28cm＋15cm＝43cm；

胸围＝62cm＋14cm＝76cm。

（4）**纸样设计图**（图3－137）

利用衣身原型绘制马甲结构图。

后衣身制图：

①做衣摆辅助线。自腰线向下15cm做水平线。

②确定袖窿深点。袖窿开深1cm，根据穿着需要适当调整。

③做后领口弧线。领宽自颈侧点移下0.5cm，领深不变。

④确定肩宽尺寸，做袖窿弧线。根据款型设计肩宽尺寸7cm。

⑤做衣摆线和侧缝线。衣摆展开量为$\frac{2}{3}$胸围宽度。

前衣身制图：

①确定前中心重叠厚度和搭门宽度。前中心放出面料厚度和重叠量0.5cm，搭门宽1.5cm。

②做衣摆辅助线。自腰围线向下13.5cm做平行线确定。

③做前领口弧线。前领宽等于后领宽，领深在原型基础上增加1cm。

④确定肩宽尺寸。前肩宽同后肩宽，均为7cm。

⑤确定袖窿深点，做袖窿弧线。袖窿腋下点开深1.5cm。

⑥做前衣摆三角。自衣摆前中点沿前中心线量取4cm，取$\frac{2}{3}$胸围宽度，在该点做垂线1.5cm，连接两点。

⑦做侧缝线和衣摆弧线。衣摆展开量为$\frac{2}{3}$胸围宽度，前后侧缝长度相等。

⑧确定扣位。第一粒纽扣距领深1cm，最后一粒纽扣距衣摆2cm，四等分之间的距离，以确定其他三粒纽扣的位置。

⑨确定口袋大小和位置。口袋大小和位置仍然根据款型和儿童年龄确定。

⑩做贴边。肩部贴边宽3cm，衣摆贴边宽2cm。

领子制图：

领子在衣身基础图上制图，采用图3－41平领1的制图方法。

肩部搭接量为2cm，前后领宽5cm，肩部领宽5.5cm，前中心开度为$\frac{1}{2}$领宽2.5cm。

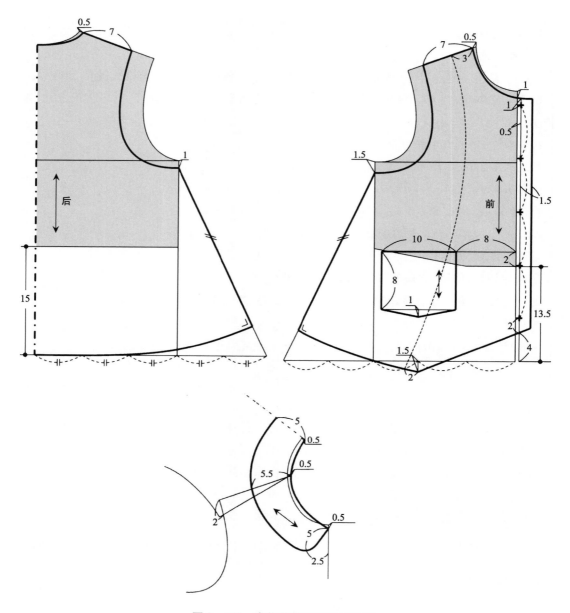

图3－137 变化款马甲纸样设计图

(四)大衣

大衣是穿在最外层上衣的总称,主要目的是防寒、防雨和防尘,另外还可用作礼服和装饰等,因此大衣的作用不仅在于其原有的实用性,功能性和时尚性也成为重要的因素。但作为儿童穿着,则以防寒和防雨为主要目的。

大衣属于外衣,因此必须考虑衣下着装对大衣机能性的影响。衣下着装种类不同,宽松度也不同,围度方面的加放随之发生变化,长度也随穿着目的的不同而有不同的设计。

　　大衣在色彩上应选用与全套服装协调的色调,在装饰上应简洁、突出重点,以创造新颖的着装效果。

　　大衣面料应选择容易活动、轻薄、保暖、结实的织物,但不同的穿着目的,面料的选用也不相同。防寒大衣应选用挡风、保暖的纯毛、纯棉或混纺织物;使用经过防水和不沾水处理的棉及其混纺织物或化纤织物制成的羽绒大衣轻快、保暖又具有时装感;雨衣是雨天用的外衣,面料采用斜纹棉织物、毛织物、塑料、防水布、橡胶等防水面料或经过防水处理的面料;防风、防尘的大衣也多采用纯棉、化纤或混纺织物,也可采用皮革类面料。

1. 大衣的分类

(1) 按形态分类

直身合体型大衣:显示体型的瘦身型、轮廓款型呈 H 型的直身线条大衣。

筒形大衣:衣身肥大呈筒形,轮廓款型呈 H 型的宽松型大衣。

公主线大衣:装饰有公主线的收腰、散摆形的大衣,轮廓款型呈 X 型。

斗篷形大衣:肩部合体、衣摆宽松肥大的大衣,轮廓款型呈 A 型。

披肩大衣:带有披肩的大衣的总称。

连帽大衣:带有帽子,帽子可以是连衣,也可以是分体的大衣。

衬衫式大衣:领、袖口及前开口的部位都有衬衫感觉的大衣。

束带式大衣:不用纽扣或其他部件固定,只用带子将衣片重叠包裹的大衣。

(2) 按长度分类

短大衣:衣长到臀围线的大衣,一般是和长大衣相对而言的。

半长大衣:衣长从臀围线到膝盖以上的大衣。

中长大衣:衣长在膝盖上下的大衣。

长大衣:衣长在膝盖以下,可以长至脚踝的大衣。

(3) 按季节分类

夏季大衣:夏季穿的大衣,具有装饰特点,选择真丝或镂空类面料,在女性中应用比较广泛,在童装中应用较少。

春秋季大衣:春秋季节穿着,轻便,具有防寒、防尘性能的风衣。

冬季大衣:冬季防寒用大衣。

三季大衣:除夏季外,其他三季都可穿着的大衣,一般带有可拆卸的衬里。

(4) 按面料分类

轻薄大衣:选用轻薄、透明的镂空或纱类面料制成的大衣,属于极具装饰风格的大衣。

毯绒大衣:面料像毛毯一样厚重的大衣,一般造型比较简洁,突出粗犷的外形风格。

针织大衣:一般指编织物做的大衣,根据不同的编织质地产生不同的风格。

羽绒大衣:面料选用棉或化纤机织织物,中间填充禽类的羽毛,经过加工而成的大衣。

皮大衣:皮革制成,具有防寒、防水、挡风、结实、耐穿等特点。可以是动物皮,也可以是人造皮革。

裘皮大衣:带毛的皮衣,极具防寒性,高贵、华丽,在童装中多采用人造毛皮制作而成。

（5）**按裁剪方法分类**

两面穿大衣：一件大衣两面都可以穿用。

毛里大衣：大衣里料换成短毛的大衣。

衬里大衣：用纽扣或拉链将衬里固定，并且可随时摘取的大衣。

2.大衣常见款式纸样设计

款式1　女童装袖风衣

（1）**款式风格**

宽松平领风衣，前中心开口，四粒扣系结，轮廓造型为 A 型，后领较宽，卡通装饰，侧缝借袋设计，前胸后背分割，分割线下抽碎褶，装袖，袖口处拼接（图 3 - 138）。

图 3 - 138　女童装袖风衣款式设计图

（2）**适合年龄**

1 ~ 12 岁的儿童。

（3）**规格设计**

衣长 = 背长 + 设计量；

胸围 = 净胸围 + 18cm 放松量；

袖长 = 全臂长 + 1cm；

袖口 = 10 ~ 16cm（设计量，年龄不同，尺寸不同）。

以身高 120cm 儿童为例：

衣长 = 背长 28cm + 30cm = 58cm；

胸围 = 净胸围 60cm + 18cm = 78cm；

袖长 = 全臂长 + 1cm = 38cm；

袖口 = 12.5cm。

（4）**纸样设计图**（图 3 - 139）

利用衣身原型对风衣进行制图。

后衣身制图：

①确定胸围尺寸。$\frac{1}{4}$胸围加放 1cm，以适应其宽松性的要求。

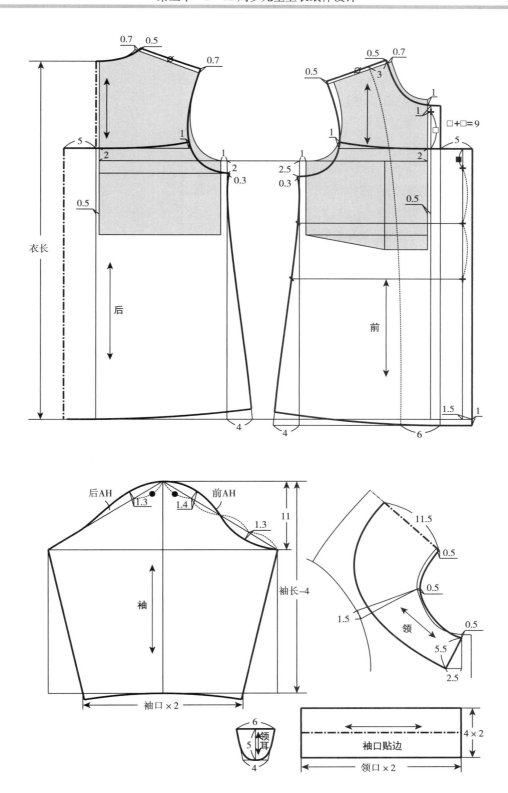

图 3－139　女童装袖风衣纸样设计图

②做衣摆辅助线。自后中心点向下取衣长尺寸做水平线。

③做后领口弧线。自侧颈点沿肩线移下0.7cm,侧颈点抬高0.5cm,后领深尺寸不变。

④做肩线。原型肩点抬高0.7cm作为新的肩端点,该量作为补充穿着中的厚度量和薄的垫肩量,弧线连接颈侧点和肩端点。

⑤做袖窿弧线。袖窿开深2cm,以适应风衣宽松性的要求。袖窿深点向外平移0.3cm,以增加穿着的舒适性。

⑥后中心追加0.5cm,作为穿着中的围度量。

⑦做分割线。分割线在胸围线上2cm,袖窿处起翘1cm。

⑧确定抽褶量。在后中心做抽褶量5cm,抽褶量作为设计量受款型和面料厚度的影响。

⑨做侧缝线和衣摆线。衣摆展开量4cm。

前衣身制图:

①确定搭合厚度和搭门宽度。前中心追加0.5cm,作为贴边及搭合厚度量。搭门宽1.5cm。

②做前领口弧线。领宽处理和后片相同,前领深加深1cm。

③做肩线。原型肩线抬高0.5cm,延长肩线,使前后肩长度保持一致。

④做袖窿弧线。袖窿开深2.5cm,其中包含0.5cm的袖窿浮余量。其他处理和后片相同。

⑤前中心在后片基础上延长1cm,做前底摆起翘。

⑥前衣摆展开量4cm。

⑦做侧缝线和衣摆线。

⑧做分割线。分割线在胸围线上2cm,袖窿处起翘1cm。

⑨确定口袋位置。口袋为侧缝借缝袋,在侧缝处第三粒扣位到第四粒扣位之间。

⑩确定扣位。第一粒扣距领深点1cm,扣间距9cm。

⑪做贴边。肩部贴边宽度3cm,底摆处6cm。

衣袖制图:

①做落山线和袖中线的十字交叉线,袖山高11cm。

②做袖山弧线。前袖山斜线长度为前袖窿弧长,后袖山斜线长度为后袖窿弧长。袖山弧线制图如图做法。

③做袖缝线。袖口宽为12.5cm,连接前后袖肥点和袖口点。

袖口贴边制图:

袖口贴边宽4cm,里、面连裁。

衣领制图:

采用在衣身基础上制图的方法。

①肩部重叠量1.5cm,后中心挪出0.5cm,颈侧点挪出0.5cm,前中心挪下0.5cm。

②前领宽5.5cm,后领宽11.5cm,前中心开度2.5cm,做领外轮廓线。

领耳制图:

领耳上边宽6cm,下边宽4cm,高5cm,外轮廓弧线处理。

款式2　插肩袖大衣

（1）款式风格

宽松 A 型大衣，平翻领，单排扣，斜插袋，前胸覆片设计。插肩袖，前袖口加袖襻，多部位双明线装饰（图3－140）。

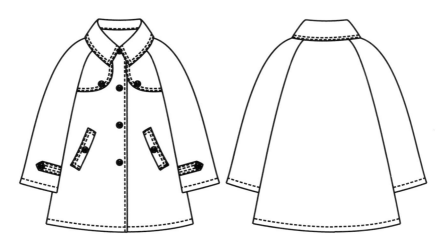

图3－140　女童装袖风衣款式设计图

（2）适合年龄

1~12岁的儿童。

（3）规格设计

衣长 = 背长 + 设计量；

胸围 = 净胸围 + 22cm 放松量；

袖长 = 全臂长 + 1cm；

袖口 = 10 ~ 16cm（设计量，年龄不同，尺寸不同）。

以身高120cm儿童为例：

衣长 = 背长28cm + 35cm = 63cm；

胸围 = 净胸围60cm + 22cm = 82cm；

袖长 = 全臂长 + 1cm = 38cm；

袖口 = 14.5cm。

（4）纸样设计图（图3－141）

利用衣身原型对大衣进行制图。

后衣身制图：

①确定胸围尺寸。$\frac{1}{4}$胸围加放2cm，以适应其宽松性的要求。

②做衣摆辅助线。自后中心点向下取衣长尺寸做水平线。

③做后领口弧线。自颈侧点沿肩线移下0.7cm，颈侧点抬高0.5cm，后领深尺寸不变。

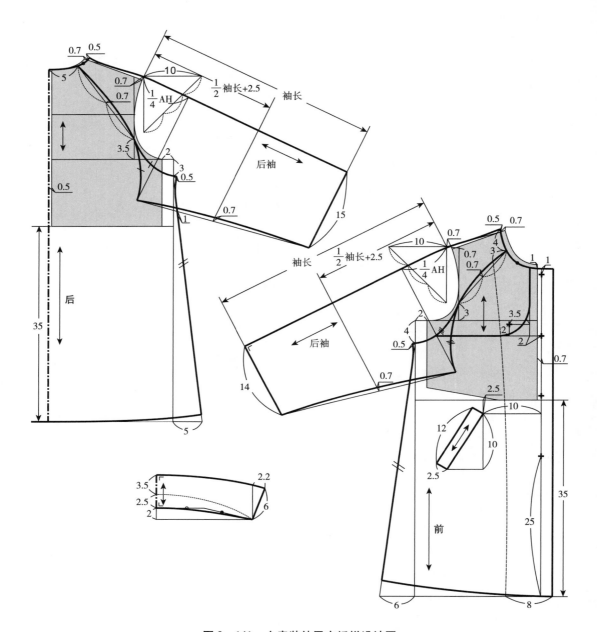

图3－141　女童装袖风衣纸样设计图

④做肩线。原型肩点抬高0.7cm作为新的肩端点，该量作为补充穿着中的厚度量和薄的垫肩量，弧线连接颈侧点和肩端点。

⑤做袖窿弧线。袖窿开深3cm，以适应大衣宽松性的要求。袖窿深点向外平移0.5cm，以增加穿着的舒适性。

⑥后中心追加0.5cm，作为穿着中的围度量。

⑦做侧缝线和衣摆线。衣摆展开量5cm。

⑧做身袖公共边线，并做腋下弧线。在领口弧线上自后中心取5cm作为后插肩点，自背宽

胸围点向上取 3.5cm 作为后身袖交叉点。

⑨确定袖斜。在肩端点做边长为 10cm 的直角三角形,连接斜边并三等分,连接肩端点和上三分之一点并延长,作为袖斜线。

⑩确定袖长。在袖斜线上,自肩端点取袖长尺寸。

⑪做落山线和肘线。自肩端点取袖山高$\frac{1}{4}$AH 做落山线,自肩端点取$\frac{1}{2}$袖长 +2.5cm 做肘线。

⑫确定袖宽尺寸。过身袖交叉点向落山线上做弧线,弧长和腋下弧长相等,方向相反,弧线与落山线的交点为袖宽点。

⑬做袖口线。后袖口尺寸 = 袖口尺寸 +0.5cm。

⑭做袖内缝线。

⑮做侧缝线和衣摆线。衣摆展开 5cm。

前衣身制图:

前衣身制图和后片基本相同。不同之处:

①确定搭合厚度和搭门宽度。前中心追加 0.7cm,作为贴边及搭合厚度量。搭门宽 2cm。

②做前领口弧线。前领宽等于后领宽,前领深在原型基础上加大 1cm。

③做袖窿弧线。袖窿开深 4cm。

④做身袖公共边线。在领口弧线上取 4cm 作为前插肩点,自胸宽胸围点向上取 3cm 作为前身袖交叉点。

⑤做袖口线。过袖长点做袖斜线的垂线,取前袖口尺寸 = 袖口尺寸 -0.5cm。

⑥前衣摆展开量为 6cm。

⑦确定口袋大小和位置。袋板口袋宽 2.5cm,长 12cm,两点之间的直线距离 10cm。距前中心线 10cm,距腰围线 2.5cm。

⑧做贴边。身袖公共边线上贴边宽度 3cm,底摆处 8cm。

⑨确定扣位。第一粒扣距领深 1cm,最后一粒扣距底摆 25cm,扣间距相等。

衣领制图:

采用直接制图法进行领子制图,领下弯量 2cm,后领宽 6cm,前领宽 6cm。

(五)夹克衫

夹克衫具有较强的实用性、舒适性、运动性和安全性。结构上以宽松和运动为主要设计依据,造型设计上自然随意、无拘无束,多采用 H 形、O 形和 V 形。其造型特征是袖口和下摆为收缩式,长度可根据款式自由设计。

根据季节的不同,夹克衫有单夹克和棉夹克两种。根据穿着目的的不同,夹克衫所使用的面料也不同。

(1)**款式风格**

宽松形设计,前中心绱拉链,袋板式斜插袋,领子、袖口和衣摆使用弹性罗纹面料,袋口四周、袖窿和前中心明线装饰(图3－142)。

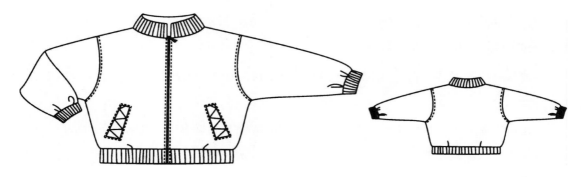

图3－142　夹克衫款式设计图

(2)**适合年龄**

1～12周岁的儿童。

(3)**规格设计**

衣长＝背长＋固定数值(固定数值随年龄变化,短夹克衫长度在臀围线以上);

胸围＝净胸围＋26cm放松量;

袖长＝原型袖长;

袖口＝腕围＋2cm。

以身高120cm的儿童为例:

衣长＝28cm＋12cm＝40cm;

胸围＝62cm＋26cm＝88cm;

袖长＝38cm;

袖口＝14cm＋2cm＝16cm。

(4)**纸样设计图**(图3－143)

利用衣身和衣袖原型对夹克衫进行制图。

后衣身制图:

①确定胸围尺寸。$\frac{1}{4}$胸围加放3cm。

②做衣摆线。自腰线向下9cm(12cm－3cm罗纹口宽度)做平行线确定。

③做后领口弧线。自颈侧点沿肩线移下0.5cm,抬高0.3cm作为领宽点,领深不变。

④做肩线。原型肩点抬高1cm,加宽1cm,作为新的后肩端点。

⑤做袖窿弧线。袖窿开深3cm。

⑥做衣摆罗纹口。在衣身基础上做衣摆罗纹口,宽3cm,长比后胸围尺寸小7cm。

前衣身制图:

①确定胸围尺寸。胸围尺寸同后片。

②做衣摆线。腰围线在原型基础上抬高1cm,其余下垂量全部放至袖窿处。自腰线向下9cm做平行线确定。

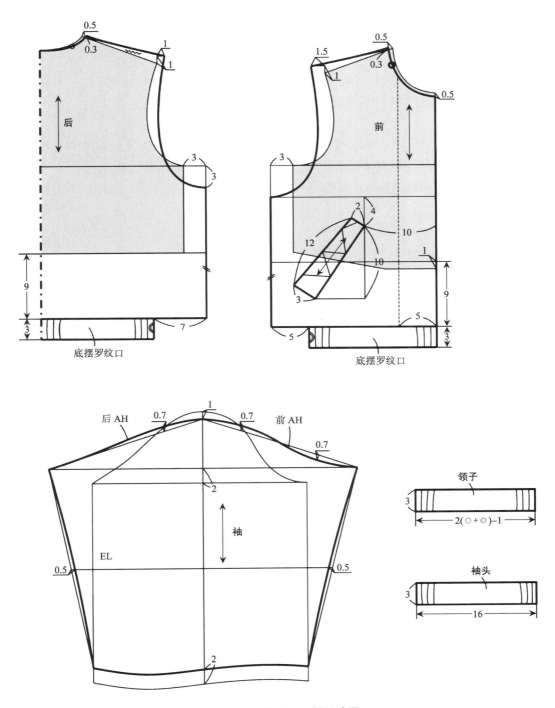

图 3－143　夹克衫纸样设计图

③做前领口弧线。前领宽等于后领宽，领深在原型基础上加大 0.5cm。

④做肩线。原型肩点抬高 1cm，加宽 1.5cm，作为新的前肩端点。前肩长度小于后肩长度，后肩多出的量在工艺上进行缩缝处理。

⑤确定袖窿深点。侧缝长度同后片,以此确定袖窿开深量。

⑥确定口袋大小及位置。袋板口袋上宽2cm,下宽3cm,长12cm,两点之间的直线距离10cm。距前中心线10cm,距前胸围线4cm。

⑦做贴边。贴边宽5cm。

⑧做衣摆罗纹口。宽3cm,长比前胸围尺寸小5cm。

衣袖制图:

①做落山线和袖山点。袖山点在原型基础上降低1cm,落山线在原型衣袖的基础上抬高2cm,降低袖山高度以增加穿着的舒适性。

②做袖山弧线。前袖山斜线长度为前AH,后袖山斜线长度为后AH,袖山弧线的制图和原型衣袖基本相同。

③做袖缝线。袖口线上移2cm,分别连接前后袖肥点和前后袖口点,和肘线相交。两交点均内凹0.5cm。过肘线内凹点分别做前后袖缝线。

衣领制图:

衣领罗纹口长 = 前领口弧线尺寸 + 后领口弧线尺寸 − 1cm;

衣领罗纹口宽 = 3cm。

袖头制图:

袖头罗纹口长 = 腕围14cm + 2cm = 16cm;

袖头罗纹口宽 = 3cm。

第四章 1~12周岁女童裙装纸样设计

　　裙子是包裹人体下半身的服装,既可以是独立的半截裙,也可以是连衣裙从腰到下摆的部分。

　　最古老的裙子属古埃及时期出现的用方形布做成筒形裹在腰间的装束。到了13世纪,随着立体造型技术的发展,出现了利用省道使腰部合身,在下摆处根据生活需要加入必要运动量的裙子。

　　20世纪初,裙子进入日本,当时裙长盖住了鞋子。随着社会环境变化,裙子形态和长度也发生了各种各样的变化,直至现在发展到多种多样的款式。尤其是裙长,它是反映流行的晴雨表。

第一节　裙装纸样设计概述

　　裙子是童装最基本的服装形式之一,童裙设计与成人裙装既有相似之处,也有自身的特点。在进行裙装设计时,应考虑儿童不同成长阶段和运动量的影响、成人服装流行趋势对童装的影响以及季节的影响等因素。

一、裙子制图各线名称

　　为制图方便,应确定裙子各线的名称(图4-1)。

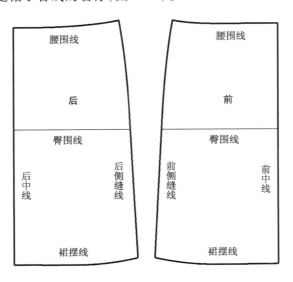

图4-1　裙子各线的名称

二、裙子的机能

在日常活动中，人的下肢活动范围最广。下肢的活动包括：两腿分开的动作和两腿并拢的动作。裙子需要适应下肢的广泛运动区域和由此对应的围度变化，应具有不妨碍下肢运动的尺寸，因此在裙子制作时必须充分考虑裙下摆、臀围、腰围的松量及裙长等各方面的需要。例如，普通情况下步幅约为前后 50～60cm，但在上高台阶时，由于抬脚，步幅变大，假如裙摆围度不足，就会感到动作受阻，同时还会损伤面料。腰围和臀围也会随着下肢的各种运动出现变化，因此必须配合各种用途对裙子进行不同的设计。

三、裙子的分类

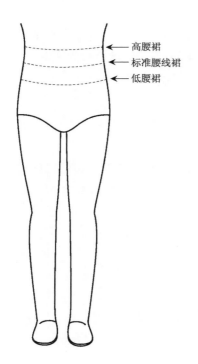

图4-2　裙子按腰线位置分类

（一）按腰线位置分类（图4-2）

高腰裙：裙子腰线高于人体正常腰节位置的裙子。我国唐代曾流行过这种位置的腰线，朝鲜少数民族服装也一直采用这种腰线的裙子。童装中高腰裙较常见，它可以有效地掩饰儿童凸出的腹部。

标准腰线裙：裙子腰线在人体正常腰节位置，是裙装设计中正常的处理手段，给人以自然大方之感，具有实用性强、节约面料的特点，并且便于在腰部以下增加变化。由于分割线位置较适中，在设计连衣裙时应注意裙子面积和上衣面积的比例关系，一般情况下，裙子面积应大于上衣面积，使整体产生平衡的美感。有时在设计时需要将腰部缝合线隐藏起来，因此可以和腰带相配，腰带的色彩、材料以及风格应与连衣裙整体协调。

低腰裙：裙子腰线低于人体正常腰节位置的裙子。在连衣裙设计中，腰线接合位置应视服装用途、流行趋势而定，应注意裙长和上衣长的比例。低腰裙能引导人的视线下移，因此可以有效地掩饰腹部凸出的体型，但容易从视觉上造成人的身材矮小，因此，年龄较小的儿童不宜采用低腰设计。

（二）按裙长分类（图4-3）

超短迷你裙：长度刚刚超过横裆的裙子。

迷你裙：把膝盖线到横裆线的长度 3 等分，在上 $\frac{1}{3}$ 以上的裙长为迷你裙长。由于儿童运动比成人剧烈，除演出服装外，日常装基本不采用超短迷你裙长和迷你裙长。

短裙：膝盖以上至迷你裙长的位置。短裙在童装中应用较普及，从视觉上，它可以加长下体的长度。

长至膝盖的裙子:裙长至膝盖上下的位置,具有轻松、活泼、便于活动的特点,在童装中应用较普及。

半长裙:平分膝盖线到脚踝的距离,半长裙在$\frac{1}{2}$上下的位置,约在小腿中部。

长至脚踝的裙子:裙长至脚踝的位置,这个长度的裙子可以有效地掩饰腿部缺陷。

超长裙:裙长拖地,主要应用在隆重的庆典场合,不适合日常穿着。

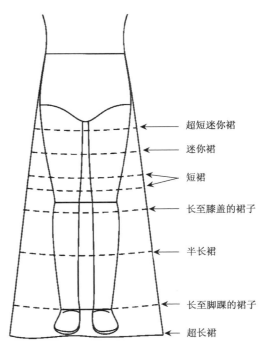

图4-3　按裙长进行分类

(三)按裙子形态分类

直筒裙(图4-4):裙子臀围尺寸和裙摆尺寸相等,裙子廓型呈直筒形。直筒形裙子包括合体形直筒裙和宽松形直筒裙两种,合体形直筒裙在人体两腿并拢时,外观造型较好,但当人体两腿分开时,会影响活动,因此,为了活动方便,常在后中心、前中心或侧缝的位置设有开衩或褶裥。宽松形直筒裙在腰部设计有碎褶或褶裥,总体宽松,活动方便。

锥形裙(图4-5):裙摆尺寸小于臀围尺寸,裙子廓型呈倒锥形。为方便活动,这种裙形常见在后中心或侧缝的位置留有开衩。活动机能较差,因此在童装中比较少见。

梯形裙(图4-6):裙摆尺寸大于臀围尺寸,裙子廓型呈梯形。这种裙形可以有多种设计形式,并且活动机能较好,因此在童装中应用非常广泛。

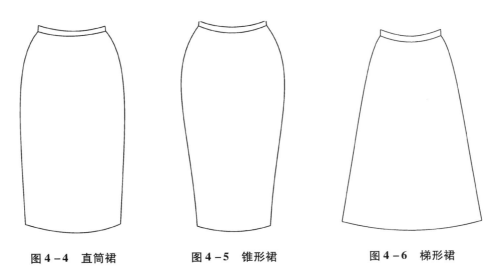

图4-4　直筒裙   图4-5　锥形裙   图4-6　梯形裙

四、童裙规格设计

(一)童裙围度规格设计

1.腰围

腰围是在直立、自然状态下进行测量的。当人坐在椅子上时,腰围围度约增加1.5cm;当人坐在地上时,腰围围度约增加2cm;呼吸前后会有1.5cm差异;较小儿童进餐前后会有4cm的变化。因此,婴幼儿腰围放松量最小为4cm,在款式结构上可采用橡筋收缩或直接给以放松量,通过吊带方便日常穿着,较大儿童裙子腰围放松量为2~2.5cm。

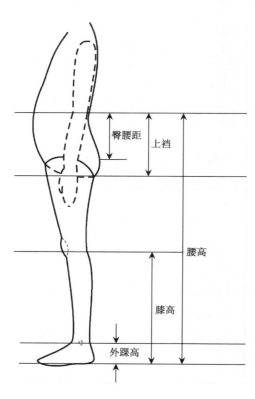

图4-7 长度部位含义

2.臀围

人体在站立时,测量的臀围尺寸是净尺寸。当人坐在椅子上时,臀围围度约增加2.5cm;坐在地上时,臀围围度约增加4cm。从人体不同姿态的臀部变化可以看出,臀部最小放松量应为4cm,但为了适应儿童剧烈运动与成长,同时做到穿着舒适合体,放松量应控制在6cm以上。

(二)童裙长度规格设计

裙长是根据流行、年龄、用途等来确定的,由于儿童运动比大人剧烈,所以迷你裙不太受欢迎。儿童裙长设计应以上裆×1.5作为裙长的最短限,以不会踩住裙摆而摔倒的外踝高作为裙长的最长限。

设计裙装所需的尺寸一般为腰围、臀围、腰高、腰至膝盖尺寸等。长度部位含义如图4-7所示。

根据我国儿童服装号型系列标准,儿童有关部位的尺寸如表4-1所示。

表4-1 儿童相关部位尺寸表　　　　　　　　单位:cm

部　位	尺　　寸							
身高	80	90	100	110	120	130	140	150
净胸围	48	52	54	58	62	64	68	72
净腰围	47	50	52	54	56	58	60	64
净臀围	50	52	54	60	64	68	74	80
背长	19	20	22	24	28	30	32	34
腰高	44	51	58	65	72	79	87	93
臀高(不含腰头)	14	14	14.5	14.5	15	15	15	17
腰至膝盖尺寸	25	29	33	37	41	45	50	53

第二节　喇叭裙纸样设计

喇叭裙外形类似喇叭状,可以看成是 A 形裙、斜裙和圆裙的总称。

喇叭裙根据片数的多少分为一片喇叭裙、二片喇叭裙、四片喇叭裙、六片喇叭裙和八片喇叭裙等。所使用布料的悬垂性不同、布纹纱向不同,裙摆廓型也不相同,因此为了获得满意的轮廓造型,在裁剪时应注意面料的选用和布纹纱向的选择。

一、A 形裙

A 形裙是裙摆宽度略大于臀围宽度,下摆自然散开的裙形。A 形裙的设计要点应考虑人体运动,如走路等所要求的运动量。

根据穿着年龄不同,A 形裙可分为无省 A 形裙和有省 A 形裙两种。

(一)无省 A 形裙

无省 A 形裙指在腰部不设计腰省,腰部尺寸较大,在腰部设计碎褶或可调节腰围大小的调节扣,比较适合年龄较小的儿童穿着。

(1)*款式风格*

无省,较合体的长至膝盖的裙子,裙摆略有打开,呈 A 字形,侧缝开口缀拉链(图 4 – 8)。

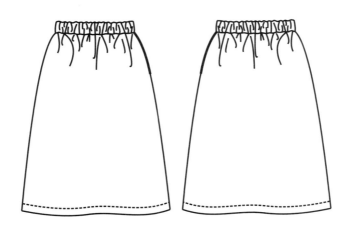

图 4 – 8　无省 A 形裙款式设计图

(2)*适合年龄*

1～12 周岁女童。

(3)*规格设计*

裙长 = 腰至膝盖尺寸 + 3cm(膝盖以下、略超过膝盖的位置);

臀围 = 净臀围 + 8cm 放松量;

腰围 = 净腰围 + 4cm 放松量。

以身高 100cm 儿童为例：

裙长 = 33cm + 3cm = 36cm；

腰围 = 52cm + 4cm = 56cm；

臀围 = 54cm + 8cm = 62cm；

臀高 = 14.5cm。

(4)纸样设计图(图 4 - 9)

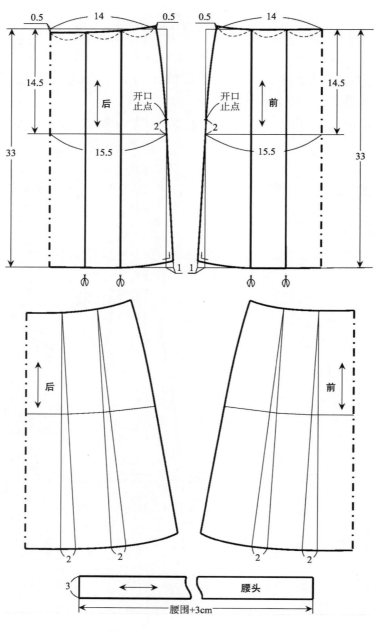

图 4 - 9　无省 A 形裙纸样设计图

后片制图:

①做长方形。长方形的宽为$\frac{1}{4}$臀围尺寸15.5cm,高为(裙长－3cm)33cm,上边线为腰围辅助线,下边线为裙摆辅助线,左边线为后中辅助线,右边线为侧缝辅助线。

②做臀围线。按臀高14.5cm做平行线确定。

③做腰围线。后片腰围尺寸为$\frac{1}{4}$腰围,即14cm,侧缝处起翘0.5cm,后中心下落0.5cm。儿童裙装与成人相比,放松量较大,同时由于儿童体型的差异,有时简化制图,后片和前片制图相同,后中心不设计下落量。

④做侧缝线。裙摆展开量1cm,该量视臀腰差量而定。较小儿童,身体比较圆润,臀腰差量较小,展开量也小。儿童越大,体型越接近于成年女性,臀腰差量越大,展开量也应越大。

⑤确定侧缝开口位置。裙侧缝开口位置在臀围线上2cm处,右侧开口。

⑥做裙摆线。

⑦剪切加量,增加裙摆。儿童裙装应有较大的裙摆,以方便活动,因此可以采用剪切加量的方法展开裙摆。剪切方法是:对腰围线3等分,并过等分点做裙摆辅助线的垂线;沿垂线进行剪切,并对剪切衣片进行旋转,裙摆展开量应大于侧缝展开量;修正腰围线和裙摆线。

前片制图:

前片与后片的不同之处在于:

前中心没有下落量,其他制图方法相同。

腰头制图:

腰头长为腰围+3cm,腰头宽为3cm。

(二)有省A形裙

有省A形裙指在腰部设计省线,腰部尺寸较合体,比较适合年龄较大的儿童穿着。

(1)**款式风格**

腰部设省,较合体的长至膝盖的裙子,裙摆略有打开,呈A字形,后中心开口,绱拉链,三片裙型(图4-10)。

(2)**适合年龄**

6~12周岁女童。

(3)**规格设计**

裙长=腰至膝盖尺寸+3cm(膝盖以下、略超过膝盖的位置);

臀围=净臀围+6cm放松量;

腰围=净腰围+2cm放松量。

以身高150cm儿童为例:

裙长=53cm+3cm=56cm;

腰围=64cm+2cm=66cm;

臀围=80cm+6cm=86cm;

图 4 - 10　有省 A 形裙款式设计图

臀高 = 17cm。

（4）**纸样设计图**（图 4 - 11）

后片制图：

①做长方形。长方形宽为 $\frac{1}{4}$ 臀围尺寸 21.5cm，高为（裙长 - 3cm 腰头宽）53cm。

②做臀围线。按臀高尺寸 17cm 做臀围线。

③做腰围线。后腰围尺寸为 $\frac{1}{4}$ 腰围尺寸 16.5cm，以臀腰差量设计省量，每个省量 = $\frac{1}{4}$（臀围 - 腰围），侧缝点起翘 0.7cm，后中心下落 0.7cm。

④做侧缝线。

⑤剪切旋转合并腰省。在筒裙的基础上，剪切旋转合并腰省，剪切旋转的方法是：通过省尖点做裙摆线的垂线，沿此线剪开；逆时针旋转剪开的裙片，使省的两边合并，这时沿剪开线两裙片展开。

⑥修正腰围线。弧线修正腰围线，并移动剩余的一个省至腰围线中心位置。

⑦做侧缝线。展开裙摆，裙摆展开量以剪切展开量为基础，其大小为剪切展开量的 $\frac{1}{2}$。

⑧确定开口位置。裙后中心开口位置在臀围线上 4cm 处。

⑨修正裙摆弧线。

前片制图：

前片与后片的不同之处在于：

①前中心没有下落量。

②两个省的长度均小于后片。

其他制图方法及剪切旋转合并腰省的方法相同。

腰头制图：

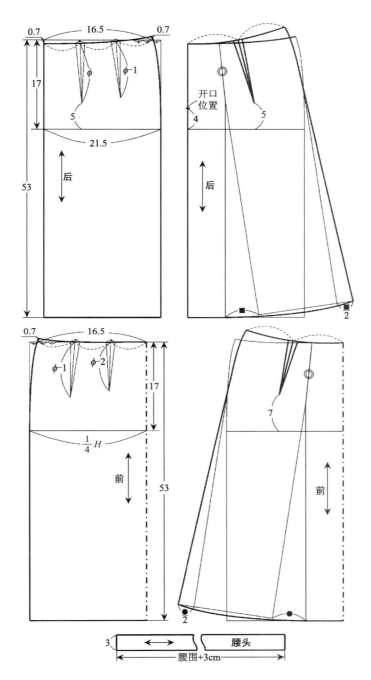

图4-11　有省A形裙纸样设计图

同图4-9无省A形裙的腰头制图。

以上方法在旋转腰省的同时,增加了臀围的尺寸,对于小A形裙来讲,不需要增加臀围量,因此,将所要移省的省尖下降到臀围线上,再采用以上方法进行剪切旋转合并省量,这样就可以解决臀围量加大的情况(图4-12)。

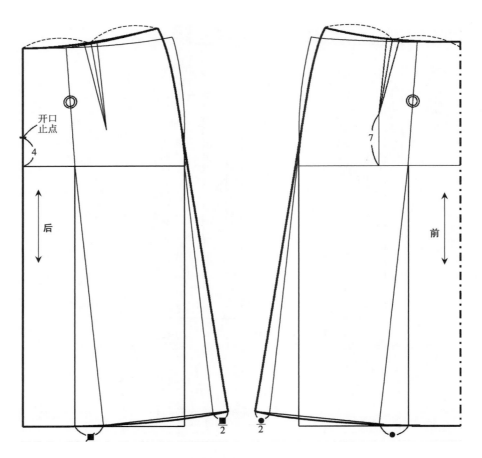

开口
止点

4

后

7

前

$\frac{1}{2}$　$\frac{1}{2}$

图 4 － 12　不增加臀围尺寸的有省 A 形裙纸样设计

二、圆裙

　　女孩子喜欢圆裙,圆裙给人飘逸的感觉。圆裙有整圆裙、半圆裙等。整圆裙是整体裙摆结构的极限,半圆裙裙摆阔度是整圆裙的一半。圆裙的结构处理完全抛开了省的作用,在保持腰围长度不变的情况下,可以直接改变腰线的曲度来增加裙摆。腰曲线越圆顺,裙摆波形褶的分配越均匀,造型也就越好。

　　圆裙裙摆设计的原理是剪切加量,具体设计方法是:把宽为 $\frac{1}{2}$ 腰围和长为裙长－腰头宽的矩形竖直分割成若干等份,分割的单位越多,在变化中所形成的腰曲线就越圆顺、越准确,裙摆造型就越好;沿各分割线剪切加量,当腰线在各分割点的作用下,均匀地弯曲到 $\frac{1}{4}$ 圆时就完成了半圆裙的纸样设计(图 4 － 13),而继续弯曲到 $\frac{1}{2}$ 圆时就是整圆裙的纸样。

　　根据以上原理,在设计圆裙时,可以通过直接计算成圆半径的方法进行,即确定腰围成圆半径和裙摆成圆半径。

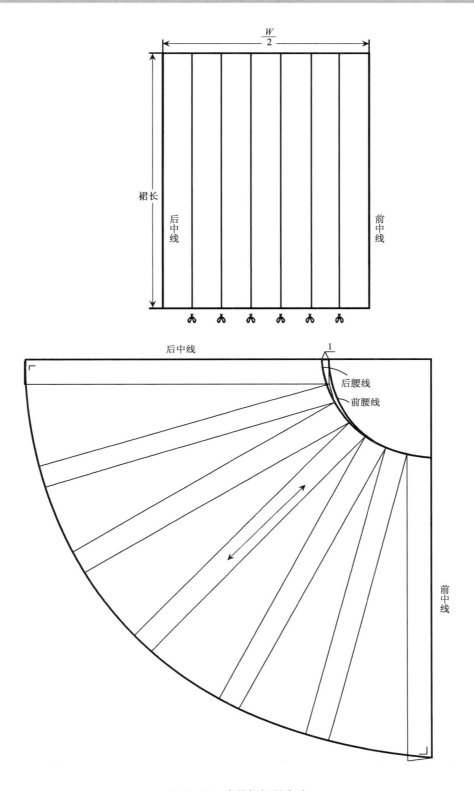

图 4 – 13　半圆裙切展方法

(一)整圆裙

(1)款式风格

膝盖以上裙长,从腰围展开呈大喇叭形,裙摆飘逸,侧缝绱拉链(图4-14)。

图4-14 整圆裙款式设计图

(2)适合年龄

1~12周岁女童。

(3)规格设计

裙长=腰至膝盖尺寸-2cm(根据年龄和款型进行设计);

腰围=净腰围+4cm放松量。

以身高120cm儿童为例:

裙长=41cm-2cm=39cm;

腰围=56cm+4cm=60cm;

臀高=15cm。

(4)纸样设计图(图4-15)

①做腰围辅助线。圆周长的计算公式为:周长=$2\pi r$,若把腰围看作整圆的周长,则腰围的成圆半径为:$\frac{1}{2\pi}$腰围,以该尺寸为半径画圆,完成腰围辅助线的绘制。以120cm儿童为例,腰围的成圆半径为9.5cm。图中垂直线为前后中心线,水平线为左右侧缝线。

②做腰围线。前后中心线上,腰围半径点为前中心点,自前中心点向下量取0.5cm,为后中心点。在侧缝线上,自腰围半径点向右量取0.5cm,作为侧缝的起翘点。

③绘制裙摆线。在侧缝线上自侧缝底摆点向右量1cm作为侧缝的底摆点,侧缝长度为裙长-1cm,即38cm。

④确定开口位置。拉链设在右侧缝,开口长度为臀高-(2~5cm)。

⑤做前后片腰围贴边。贴边宽3cm,前后片贴边分别绘制。

(二)半圆裙

(1)款式风格

膝盖以上的裙长,从腰围展开呈喇叭形,侧缝绱拉链(图4-16)。

(2)适合年龄

1~12周岁女童。

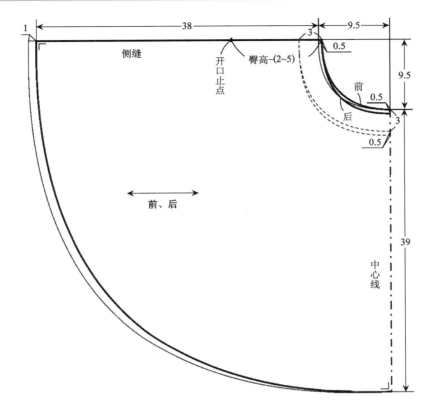

图 4 - 15　整圆裙纸样设计图

图 4 - 16　半圆裙款式设计图

（3）**规格设计**

裙长 = 腰至膝盖尺寸 - 2cm（根据年龄和款型进行设计）；

腰围 = 净腰围 + 4cm 放松量。

以身高 120cm 儿童为例：

裙长 = 41cm - 2cm = 39cm；

腰围 = 56cm + 4cm = 60cm；

臀高 = 15cm。

（4）**纸样设计图**（图 4 - 17）

①做腰围辅助线。半圆周长的计算公式为：半圆周长 = πr，若把腰围看作半圆的周长，则腰

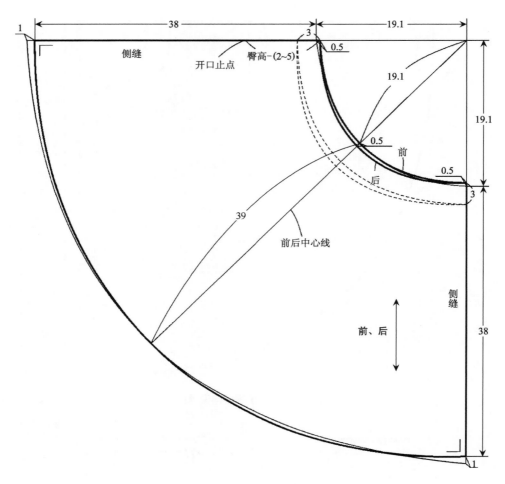

图4-17 半圆裙纸样设计图

围的成圆半径为：$\frac{1}{\pi}$腰围。以120cm儿童为例,腰围的成圆半径为19.1cm。图中垂直线与水平线为左右侧缝线。

②做前后中心线。45°角平分线为前后中心线。

③绘制腰围线。水平侧缝线上,自腰围半径点向右取0.5cm,垂直侧缝线上,自腰围半径点向上取0.5cm,作为侧缝的起翘点。中心线上,腰围半径点为前中心点,自前中心点向下取0.5cm为后中心点。

④绘制裙摆线。水平侧缝线上,自侧缝底摆点向右量取1cm,垂直侧缝线上,自侧缝底摆点向上量取1cm,作为侧缝的底摆点,侧缝长度为裙长－1cm。

⑤确定开口止点。拉链设在右侧缝,开口长度为臀高－(2~5cm)。

在进行纸样设计时,布料性能和纱向对裙子造型影响很大,布料的悬垂性不同、布纹纱向的使用不同,喇叭形裙摆的轮廓就会有所变化(图4-18、图4-19)。另外,使用条纹布料时,因纱向不同,接缝处会产生不同的视觉效果(图4-20)。

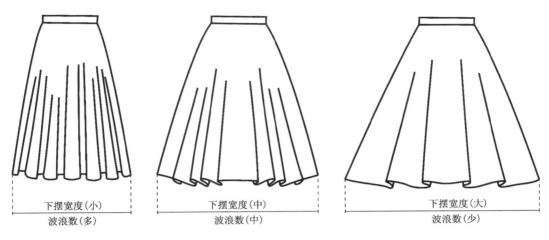

图 4－18 悬垂性对外观造型的影响

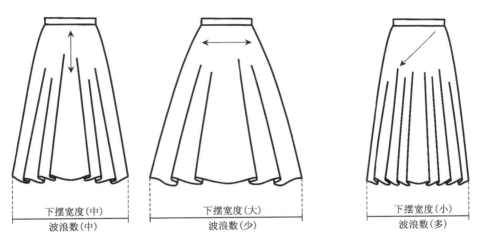

图 4－19 布料纱向对外观造型的影响

图 4－20 条纹布料纱向对视觉效果的影响

第三节　褶裙纸样设计

褶裙是儿童穿着方便的裙子之一,它是一种活动方便、不受流行影响的裙子。

一、碎褶裙

碎褶裙在童装中的应用非常广泛,适合各个年龄、各个季节穿着。在面料选用上,夏季选用透气性好的纯棉面料,春秋季选择涤棉混纺或柔软的棉毛面料,冬季可选用毛腈混纺等保暖性好的面料。

（1）**款式风格**

膝盖以上的裙长,腰部绱橡筋,抽碎褶,左右两侧有斜插袋(图4－21)。

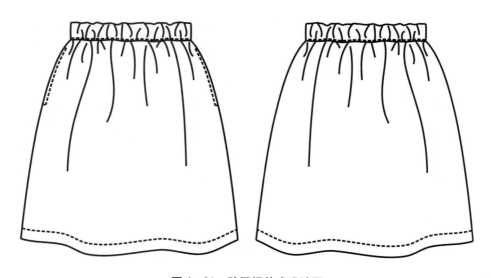

图4－21　碎褶裙款式设计图

（2）**适合年龄**

1～12周岁女童。

（3）**规格设计**

裙长＝腰至膝盖尺寸－3cm(根据年龄和款型进行设计);

腰围＝净腰围＋4cm放松量(基本腰围量);

臀围＝净臀围＋8cm放松量(基本臀围量)。

以身高120cm儿童为例:

裙长＝41cm－3cm＝38cm;

基本腰围量＝56cm＋4cm＝60cm;

基本臀围量＝64cm＋8cm＝72cm。

（4）纸样设计图（图4-22）

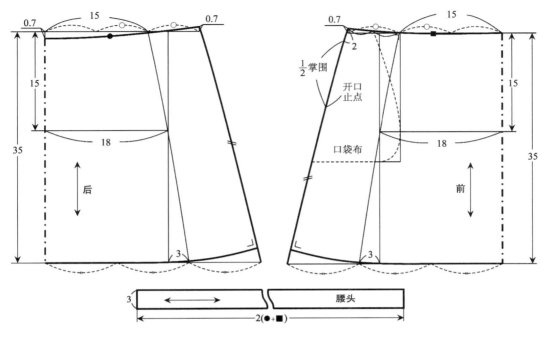

图4-22　碎褶裙纸样设计图

后片制图：

①做长方形。长方形宽为$\frac{1}{4}$臀围尺寸18cm，高为（裙长-3cm）35cm。

②确定臀围线。按臀高尺寸15cm做臀围线。

③做裙子基本型。基本腰围尺寸为$\frac{1}{4}$腰围，即15cm，裙摆展宽量为3cm。

④做侧缝线。在腰围辅助线上，延长$\frac{1}{8}$腰围尺寸作为腰围抽褶量，在裙摆辅助线上延长$\frac{1}{2}$基本型裙摆宽的尺寸。

⑤做腰围线。后中心点下落0.7cm，侧缝点起翘0.7cm。

⑥做裙摆线。

前片制图：

前片制图和后片基本相同，不同之处：

①前腰围线的绘制。前腰围中心点不下落。

②斜插袋的绘制。口袋上开口点距侧缝起翘点2cm，口袋开口大小为$\frac{1}{2}$掌围+2cm，口袋深度为掌围尺寸。

腰头制图：

腰头长为前腰围弧线长+后腰围弧线长，腰头宽为3cm。

二、多层褶裙

多层褶裙是横向接缝两次以上,可以加入碎褶或褶裥的多层次裙子。多层褶裙可以改变面料材质和裙长,集华丽、飘逸、自然于一身,在童装上的应用广泛,适合于1岁以上的任何年龄。

(1)**款式风格**

膝盖以上长度,三层碎褶宝塔裙,绱腰头,腰头抽橡筋(图4－23)。

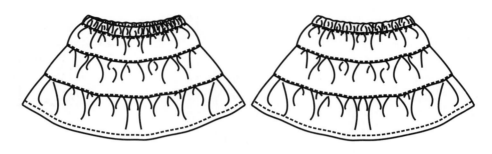

图4－23 多层褶裙款式设计图

(2)**适合年龄**

1～12岁女童。

(3)**规格设计**

裙长:日常穿着的裙长一般设计在膝盖以上,以儿童裙长最短限为极限,也可设计成超过膝盖的较长的礼服裙,本例取膝盖以上裙长尺寸。

裙长 = 身高×0.3;

腰围(收橡筋后腰围尺寸) = 净腰围 －6cm。

以身高120cm儿童为例,裙长 =120cm ×0.3 =36cm;

腰围(收橡筋后腰围尺寸) =56cm －6cm =50cm;

腰围(拉展) =74cm。

(4)**纸样设计图**(图4－24)

后片制图:

①做三段裙片基础线。第一段的下边线和第二段的上边线重合,第二段的下边线和第三段的上边线重合。多层褶裙的三段长度依次增加,尺寸采用9cm、11cm、14cm,腰头宽2cm。

②做第一段裙片。腰围尺寸为拉展$\frac{1}{4}$腰围,后中心下落0.5cm,裙片侧缝线起翘2cm,侧缝裙片长度为9cm。

③做第二段裙片。第二段裙片褶量为第一段裙片裙摆尺寸的二分之一,裙片侧缝线起翘2cm,侧缝裙片长度为11cm。

④做第三段裙片。第三段裙片褶量为第二段裙片裙摆尺寸的二分之一,裙片侧缝线起翘2cm,侧缝裙片长度为14cm。

前片制图:

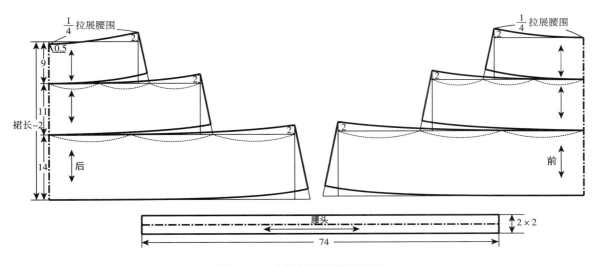

图4-24　多层褶裙纸样设计图

前片制图和后片制图基本相同,不同之处:前腰围中心点不下落。

腰头制图:

腰头长为实际腰围尺寸,腰头宽为2cm。

三、褶裥裙

褶裥裙一般指规律褶裙,包括箱式褶裥裙和单向褶裥裙,两种褶裙在童装上,尤其是在校园服装上均有广泛的应用。

(一)箱式褶裥裙

(1)款式风格

膝盖以上长度,在小A形裙的基础上加入箱式褶裥,绱腰头,侧缝绱拉链,在分割线的位置固定一定长度,并缉明线,款式轻便(图4-25)。

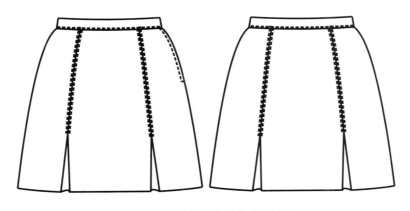

图4-25　箱式褶裥裙款式设计图

（2）**适合年龄**

1 ~ 12 周岁女童。

（3）**规格设计**

裙长 = 腰至膝盖尺寸 – 4cm（一般在膝盖以上，以突出其运动方便性）；

腰围 = 净腰围 + 2cm 放松量；

臀围 = 净臀围 + 6cm 放松量。

以身高 150cm 儿童为例：

裙长 = 53cm – 3cm = 50cm；

腰围 = 64cm + 2cm = 66cm；

臀围 = 80cm + 6cm = 86cm；

臀高 = 17cm。

（4）**纸样设计图**（图 4 – 26）

后片制图：

①做长方形。长方形宽为 $\frac{1}{4}$ 臀围尺寸 21.5cm，高为（裙长 – 3cm）50cm。

②做臀围线。按臀高 17cm 做臀围线。

③做腰围线。后片腰围为 $\frac{1}{4}$ 腰围尺寸 16.5cm，后中心点下落 0.7cm，取 $\frac{2}{3}$ 臀腰差量作为省量，从 $\frac{2}{3}$ 省量点至侧缝点起翘 0.7cm 作为侧缝的起翘点。

④做侧缝线。在长方形右边线上，自臀围线向下取 10cm，在此点展开 1cm，作为裙摆展开的参考点。弧线连接侧缝起翘点和右边线臀围点，直线连接右边线臀围点和裙摆展开参考点并延长，两线顺接。

⑤做裙摆线。

⑥做褶裥剪切线。等分腰围线，过等分点做裙摆的垂线。在腰围线上做省，省宽为 $\frac{2}{3}$ 臀腰差量，省的中点为腰围线的等分点，省的长度距臀围线 5cm。省的两边线和裙摆垂线顺接，作为褶裥设计的剪切线。

⑦做褶裥量。沿剪切线剪开，并做展开，褶裥量 14cm，修正腰围线和裙摆线。

前片制图：

前片制图和后片制图基本相同，不同之处为前腰围中心点不下落。

腰头制图：

腰头制图同图 4 – 24 的制图方法。

（二）单向褶裥裙

单向褶裥裙又称作百褶裙，在静止状态下呈平面效果，运动中会呈现出立体感和流动的美感，随着褶裥数量的改变，会形成或时尚或运动的感觉。百褶裙的长度可根据造型进行

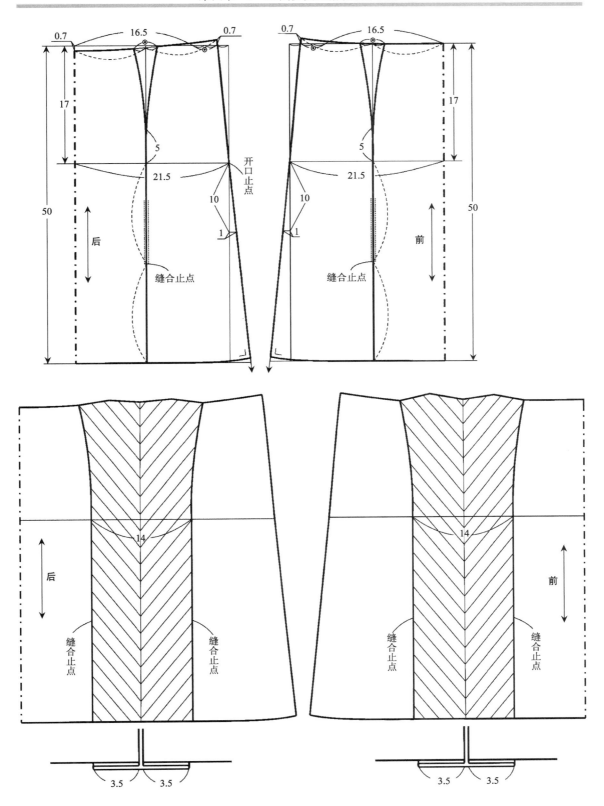

图 4 – 26　箱式褶裥裙纸样设计图

设计。

（1）**款式风格**

中等长度，设计24个单向褶裥，褶的方向倒向左手一边，前后款式相同，绱腰，侧缝绱拉链，外观具有A形裙的特征（图4－27）。

（2）**适合年龄**

6～12周岁女童。

（3）**规格设计**

裙长＝身高×0.3；

腰围＝净腰围＋2cm放松量；

臀围＝净臀围＋8cm放松量。

以身高120cm儿童为例：

图4－27　单向褶裥裙款式设计图

裙长＝120cm×0.3＝36cm；

腰围＝56cm＋2cm＝58cm；

臀围＝64cm＋8cm＝72cm；

臀高＝15cm。

（4）**纸样设计图**（图4－28）

前、后片制图：

①做腰围线。做水平线，长度为$\frac{1}{4}$腰围尺寸14.5cm，六等分腰围线。

②做臀围线。按臀高15cm做臀围线，长度为$\frac{1}{4}$臀围尺寸18cm，六等分臀围线。

③做裙摆线。按（裙长－3cm腰头宽）33cm做裙摆线，长度和臀围尺寸相等。

④做前后中心线。连接腰围线和裙摆线的右端点。

⑤做折叠量。把各折叠的褶量即暗褶夹进每个明褶之间，同时把差量也并入暗褶。暗褶的量可以根据情况设计，但不能大于明褶的两倍，否则会出现褶的双重折叠。

⑥修正腰围线。后中心点下落0.5cm，侧缝起翘0.5cm。

⑦确定侧缝开口的位置。侧缝开口在臀围线上2cm处。

腰头制图：

腰头长为腰围 +3cm 底襟量,宽 3cm,里、面连裁。

在百褶裙的设计中,褶裥数量可以任意设定,但无论设多少,腰臀差量都要均匀地加到每一个暗褶中。

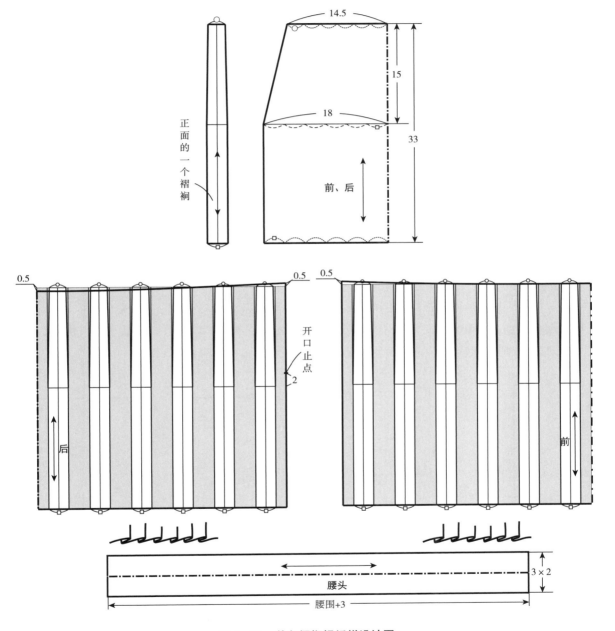

图 4 - 28　单向褶裥裙纸样设计图

第四节 连衣裙纸样设计

自古以来连衣裙是最常用的服装之一。中国古代上衣与下裳相连的深衣,古埃及、古希腊及两河流域的束腰衣,都具有连衣裙的基本形制,当时男女均可穿着,仅在个别部位的细节上有所区别。

在欧洲,第一次世界大战前,妇女服装的主流一直是连衣裙,并作为出席各种礼仪场合的正式服装。一战后,由于女性越来越多地参与社会工作,衣服的种类不再局限于连衣裙,但连衣裙仍然作为一种重要的服装,礼服大多还是以连衣裙的形式出现。近代,西式连衣裙传入我国,成为中国人常穿的服装之一。

连衣裙是将上衣和裙子连成一体的服装。连衣裙的穿着无年龄和场合限制,从婴儿到老年人、从家居服到礼服被广泛使用。为适应儿童的特点,连衣裙应有较好的运动机能性,学童期连衣裙应充分考虑其功能性,避开过分华丽的面料和装饰。用于连衣裙的面料很多,一般没有特殊的规定,但应注意与设计协调搭配,厚面料装饰较少,但外部造型较好;薄面料可采用多褶处理。

一、连衣裙外形分类

连衣裙的基本形状可以分为四类:长方形连衣裙,腰部贴体、下摆宽松的 X 形连衣裙,上小下大的 A 形连衣裙和上大下小、比较宽松的倒三角形连衣裙(图 4 - 29)。将上述形态作为基本型,再加上分割线和装饰等变化就会形成多种多样的设计。

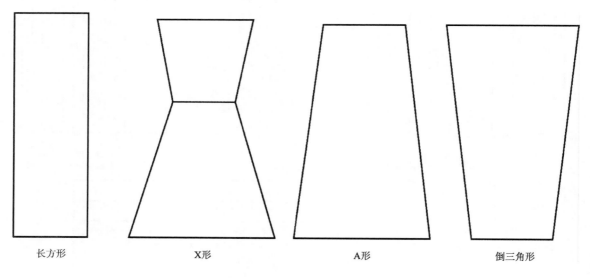

长方形　　　　　X形　　　　　A形　　　　　倒三角形

图 4 - 29　连衣裙外形分类

二、连衣裙分割线变化

分割线是连衣裙的设计要点之一,基本分割线分为横向和纵向两种。

纵向分割线包括前后中心加入一条分割线的情况和加入两条公主线的情况。利用公主线可以塑造身体曲线,并满足收腰展摆的设计要求。同时,也可将两条纵向分割线延伸至袖窿形成刀背缝造型。另外,还可以将前后中心分割线与公主线组合起来形成三条分割线。需要注意的是,儿童的胸腰差较小,腰部省量相对成人较小(图4-30)。

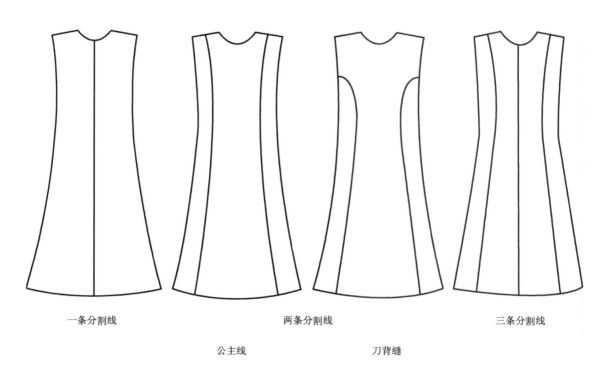

一条分割线　　　　　　两条分割线　　　　　　三条分割线

公主线　　　　　　　刀背缝

图4-30　连衣裙纵向分割线

横向分割线可放置在衣片从上到下的各个位置(图4-31)。首先衣片上部最常见的位置是肩部育克位置。肩部育克位置不受流行影响,可以掩饰儿童挺胸凸腹的体型特点,在幼童服装中应用较广泛。高腰分割线在童装中最常见的位置是在腰围线上约腰围至胸围$\frac{1}{3}$的位置。正常腰位分割线是最常见的基本分割线。低腰分割线一般设定在臀围线附近,但为了在视觉上达到拉长的效果,须注意和裙长的平衡以及与全身比例的协调。下摆附近做分割线时,一般应加褶边或配色等装饰性设计。

三、儿童连衣裙的基础造型

儿童连衣裙有四种基础造型,在此基础上可以根据设计的需要组合领子和袖子,对衣身进行分割处理,对裙子进行造型设计,并对细节进行处理。

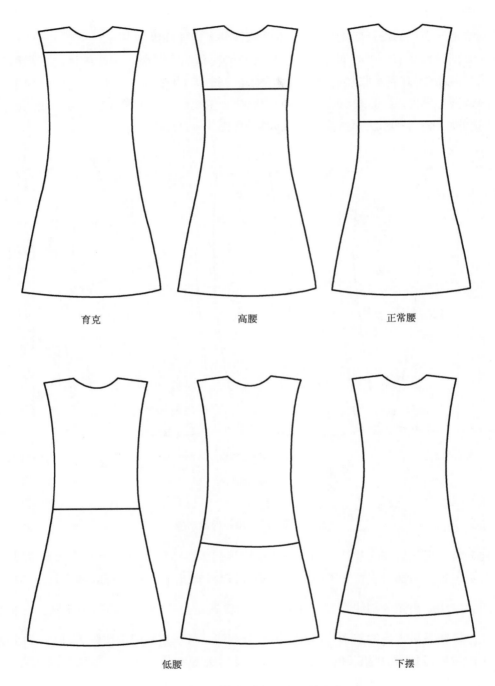

育克　　　　　　　　　高腰　　　　　　　　　正常腰

低腰　　　　　　　　　　　　　下摆

图4-31　连衣裙横向分割线的变化

(一)幼童腰部不剪接连衣裙

幼儿期,儿童的头身指数较小,挺胸凸腹的特点较明显,因此,腰围处的放松量应大一些,腰围处不但不设省,而且应该展开一定的量,款式造型多呈A形。

（1）款式风格

膝盖以上短裙，宽松度适中，无领，无袖，后中心分割、绱拉链，下摆展开，呈 A 形结构（图 4－32）。

图 4－32　幼童腰部不剪接连衣裙款式设计图

（2）适合年龄

1～3 周岁女童。

（3）规格设计

衣长 = 背长 + 腰至膝盖尺寸 － 5cm；

胸围 = 净胸围 + 14cm 放松量。

以身高 100cm 儿童为例：

衣长 = 22cm + 33cm － 5cm = 50cm；

胸围 = 54cm + 14cm = 68cm。

（4）纸样设计图（图 4－33）

利用身高 100cm 儿童衣身原型进行制图。

后片制图：

①做后裙摆辅助线。自腰线向下 28cm 做平行线确定。

②做侧缝线。裙摆展宽 3cm。

③做裙摆线。3 等分后裙摆，自第 2 等分点起弧与侧缝线垂直相交。

④做后领弧线与肩线。领宽开宽 1cm，领深不变。肩点收进 1cm，消除后肩胛省量。

⑤做切开线。切开线距后背宽 1cm，展开量 3cm。

⑥确定拉链止点的位置。拉链止点距腰围线 5cm。

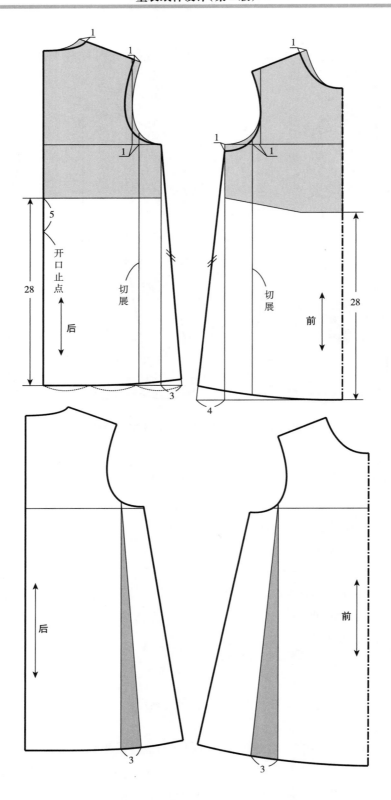

图 4 - 33　幼童腰部不剪接连衣裙纸样设计图

前片制图：

前片与后片制图基本相同，不同之处：

①袖窿腋下点开深1cm，该量为解决腹凸而设计。

②裙摆展宽4cm。

(二)幼童腰部剪接连衣裙

（1）**款式风格**

膝盖以上短裙，宽松度适中，腰部略合体，无领，无袖，高腰分割，后中心分割、缀拉链，下摆展开，呈 A 形结构（图 4－34）。

图 4－34 幼童腰部剪接连衣裙款式设计图

（2）**适合年龄**

4～6 周岁女童。

（3）**规格设计**

衣长 = 背长 + 固定尺寸（根据款型进行设计）；

胸围 = 净胸围 + 14cm 放松量。

以身高 120cm 儿童为例：

衣长 = 28cm + 32cm = 60cm；

胸围 = 62cm + 14cm = 76cm。

（4）**纸样设计图**（图 4－35）

利用 120cm 儿童衣身原型进行制图。

后片制图：

①确定腰围分割线的位置。3 等分胸围线至腰围线的距离，过下 $\frac{1}{3}$ 点做平行线确定高腰分割线。

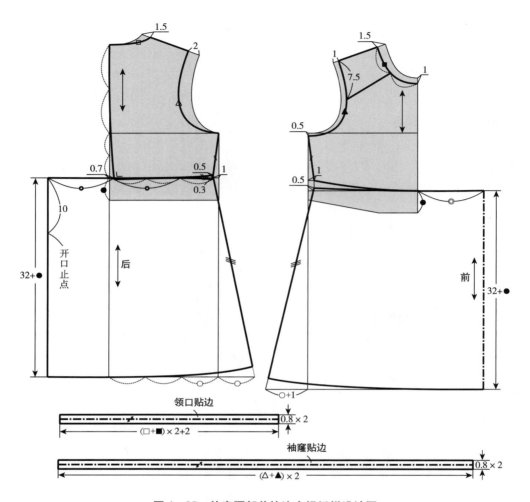

图 4－35　幼童腰部剪接连衣裙纸样设计图

②做上衣后中线。分割线上,后中心点收进0.7cm,弧线连接颈后点、颈后点到胸围线的$\frac{1}{2}$点和0.7cm点。

③做后领口弧线。领宽加宽1.5cm。

④做肩线与袖窿弧线。后肩点收进2cm,做后袖窿弧线。

⑤做上衣侧缝线。在分割线上,侧缝收进1cm。

⑥修正腰围分割线。调整后中线和侧缝线的长度,弧线连接后中心点和侧缝腰围点,与两线垂直相交。

⑦做裙摆辅助线。自腰围分割线向下固定尺寸($\frac{1}{3}$胸围到腰围尺寸 + 32cm)做裙摆辅助线。

⑧做裙子后中心线。腰围褶量为$\frac{2}{3}$腰围尺寸,该量依据款型和面料的厚薄进行调整。

⑨做裙子腰围线。腰围线在侧缝处起翘0.5cm。

⑩做裙子侧缝线。裙摆在侧缝处展开$\frac{1}{3}$后片胸围的宽度。

⑪做裙摆线。

⑫确定拉链止点的位置。拉链开口止点在腰围线下5~10cm的位置。

前片制图:

前片与后片制图的不同之处:

①腰围分割线的位置。自前片原型腰围线向上取与后片相等的长度做高腰分割线。

②袖窿点开深0.5cm。

③上衣侧缝线收进1cm,长度等于后片上衣侧缝的长度。

④裙摆在侧缝处展开后片展开量+1cm的尺寸。

⑤分割线。分割线自领口中心点至袖窿距肩点7.5cm处。

领口贴边制图:长前后领口尺寸+2cm底襟量,宽为0.8cm,里、面连裁。

袖窿贴边制图:长为前后袖窿时,宽为0.8cm,里、面连裁。

(三)中童腰部剪接连衣裙

(1)款式风格

膝盖以上短裙,较贴体,无领,无袖,正常腰位分割,腰部装饰腰带,后中心分割绱拉链,宽松薄纱裙子(图4-36)。

图4-36　中童腰部剪接连衣裙款式设计图

（2）适合年龄

7~9岁女童。

（3）规格设计

衣长＝背长＋腰至膝盖尺寸－8cm；

胸围＝净胸围＋10cm放松量；

腰围＝净腰围＋8cm放松量。

以身高130cm儿童为例：

衣长＝30cm＋45cm－8cm＝67cm；

胸围＝64cm＋10cm＝74cm；

腰围＝58cm＋8cm＝66cm。

（4）纸样设计图（图4－37）

利用130cm儿童衣身原型进行制图。

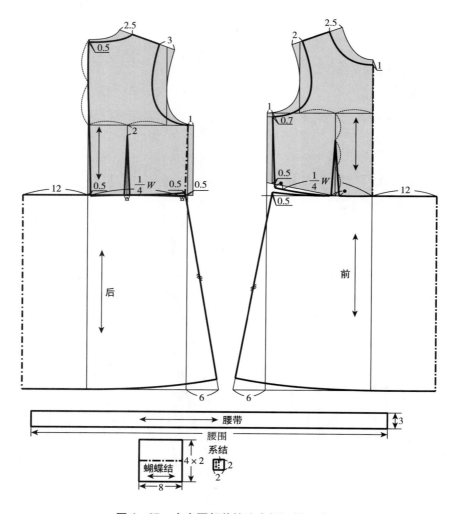

图4－37　中童腰部剪接连衣裙纸样设计图

后片制图：

①修正胸围尺寸。胸围放量 10cm，每 $\frac{1}{4}$ 片减小胸围尺寸 1cm。

②做裙摆辅助线。自腰围线向下（裙长 －30cm 背长）37cm 做平行线确定裙摆辅助线。

③做后领弧线。领宽开宽 2.5cm，后领深开深 0.5cm。

④做后肩线和后袖窿弧线。沿肩线自后肩点收进 3cm，做袖窿弧线。

⑤做上衣后中线。在腰围线上，后中心收进 0.5cm，弧线连接颈后点、颈后点到胸围线的二分之一点和腰围收进 0.5cm 点。

⑥做上衣侧缝线。在腰围线上，侧缝收进 0.5cm。

⑦做腰省。腰省宽度的确定方法是：在腰围线上取成品 $\frac{1}{4}$ 腰围尺寸 16.5cm，绘制长度减去该量即为省量。胸腰省长度的确定：背宽线的二分之一点下移 2cm 处为省尖点的位置。

⑧修正上衣腰围线。

⑨做裙子后中心线。后中心加褶量 12cm。

⑩做裙子腰围线。腰围线在侧缝处起翘 0.5cm。

⑪做裙子侧缝线。裙摆在侧缝处展宽约 $\frac{1}{3}$ 后片胸围的尺寸 6cm。

⑫做裙摆线。

前片制图：

前片与后片的不同之处：

①袖窿点开深 0.7cm。

②做腰省。腰省宽度的确定方法是：在腰围线上取成品 $\frac{1}{4}$ 腰围尺寸 16.5cm，绘制长度减去该量即为省量。胸腰省长度的确定：过胸宽线的二分之一点做腰围线的垂线，把该垂线三等分，省尖点位于上三分之一处。

腰带制图：

腰带长为腰围尺寸 66cm，宽 3cm。

蝴蝶结制图：

蝴蝶结长 8cm，宽 4cm，里、面连裁。

系结制图：

系结宽 1cm，长 2cm，里、面连裁。

（四）大童公主线分割连衣裙

从幼童到小学高年级后，背长伸长，胸部微微隆起，腰围稍微变细，肩胛骨开始发达，逐渐成为少女姿态的体型，因此，此时稍微合身的公主线型连衣裙的应用就比较广泛了。

（1）款式风格

膝盖以上裙长，宽松度适中，腰部合体，无领、无袖，公主线纵向分割，后中心分割、绱拉链，下摆展开,呈 A 形结构(图4-38)。

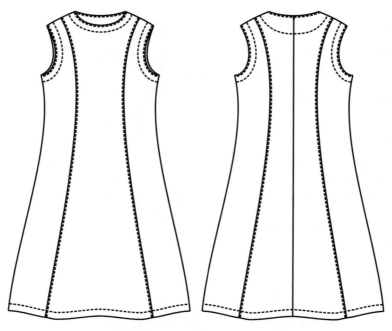

图4-38　公主线分割连衣裙款式设计图

(2)**适合年龄**

10 周岁以上女童。

(3)**规格设计**

衣长 = 背长 + 腰至膝盖尺寸 - 3cm(根据款型进行设计);

胸围 = 净胸围 + 10cm 放松量;

腰围 = 净腰围 + 8cm 放松量。

以身高 150cm 儿童为例:

衣长 = 34cm + 53cm - 3cm = 84cm;

胸围 = 72cm + 10cm = 82cm;

腰围 = 64cm + 8cm = 72cm。

(4)**纸样设计图**(图4-39)

利用身高 150cm 儿童衣身原型进行制图。

后片制图:

①确定后胸围大小。$\frac{1}{4}$胸围尺寸收进 1cm,从而保持胸围 10cm 的放松量。

②做裙摆辅助线。自腰围线向下(衣长 84cm - 背长 34cm)50cm 做裙摆辅助线。

③做臀围线。按臀高尺寸 17cm 做臀围线。

④做后中线。在腰围线上,后中心收进量为 0.5cm,在裙摆辅助线上,后中心展宽量为 1cm。

⑤确定腰围省量的大小。侧缝在腰围线上收进 0.5cm,腰围取$\frac{1}{4}$成品腰围尺寸 18cm,胸围

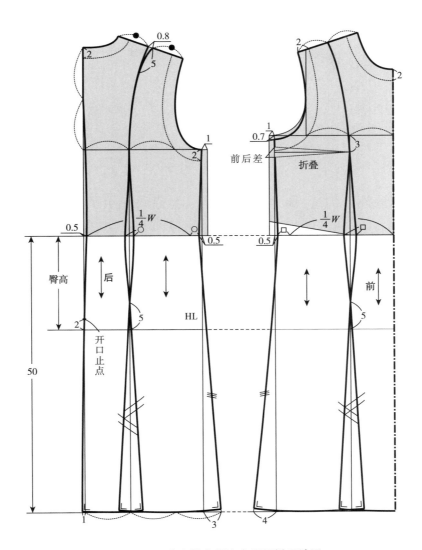

图4-39 公主线分割连衣裙纸样设计图

尺寸减去腰围尺寸为省量。胸腰省的省尖点在胸围线上背宽的$\frac{1}{2}$处。腰臀省的省尖点在臀围线上5cm处。

⑥做后片公主线。后肩省量为0.8cm,省长5cm,位置在$\frac{1}{2}$后肩宽处。后肩省与腰省相连,并延长腰臀省的两边线至裙摆辅助线。

⑦做侧缝线。裙摆在侧缝处的展开量和公主线的倾斜量要大致相同,根据公主线的倾斜程度确定展开量为3cm。

⑧做裙摆线。后中心裙摆点和后中片公主线裙摆点弧线连接,侧缝裙摆展开点和侧片公主线裙摆点弧线连接。

⑨确定拉链止点的位置。拉链开口止点约在臀围线上2cm的位置。

⑩做领口与袖窿贴边。贴边宽2cm。

前片制图:

前片与后片的不同之处:

①袖窿点开深0.7cm。

②裙摆在侧缝处展开量大于后片1cm,尺寸为4cm。

③腰省量的处理。腰省量由两部分组成,一部分是侧缝前后差量的折叠,侧缝前后差量一部分在袖窿处分散,剩余的量进行折叠。另一部分是实际胸围宽度与$\frac{1}{4}$成品腰围尺寸18cm的差量。自胸围线上胸宽$\frac{1}{2}$点向下做垂线,距胸围线3cm点做与侧缝线平行的垂线,该线为折叠量的中线。胸围线的垂线作为胸腰省的中线。胸腰省的省尖点距胸围线3cm,腰臀省的省尖点在臀围线上5cm处。

④做前片公主线。前片公主线放在$\frac{1}{2}$前肩位置,该点和腰省相连,并延长腰臀省的两边线至裙摆辅助线。

四、高腰和低腰分割连衣裙

(一)高腰分割连衣裙

幼童和学龄前期的女童穿着高腰裙显得非常可爱,视觉上下半身变得长而和谐,因此高腰分割连衣裙在童装中应用广泛。

(1)款式风格

膝盖以下中等长度的裙长,上衣、腰部合体,裙子宽松,无领,无袖,高腰分割,后中心分割、绱拉链,下摆展开,腰部装饰腰带(图4-40)。

图4-40　高腰分割连衣裙款式设计图

（2）**适合年龄**

1~12周岁女童。

（3）**规格设计**

衣长 = 背长 + 腰至膝盖尺寸 + 5cm；

胸围 = 净胸围 + （10~14）cm 放松量（年龄越大,放松量越小）；

腰围 = 净腰围 + 8cm 放松量。

以身高 120cm 儿童为例：

衣长 = 28cm + 41cm + 5cm = 74cm；

胸围 = 62cm + 10cm = 72cm；

腰围 = 56cm + 8cm = 64cm。

（4）**纸样设计图**（图 4 – 41）

利用身高 120cm 儿童衣身原型进行制图。

后片制图：

①确定后胸围大小。$\frac{1}{4}$胸围收进 1cm。

②确定腰部分割线。腰部分割线在胸围线到腰围线的$\frac{1}{2}$处。

③确定袖窿深点。侧缝胸围点抬高 1cm。

④做后领口弧线。后领深下落 1.5cm,领宽自颈侧点沿肩线移下 3cm。

⑤确定肩宽,并做后袖窿弧线。肩宽根据款型确定,取 4.5cm。

⑥做上衣后中心线。在腰围线上,后中心收进量为 0.5cm。

⑦做上衣侧缝线。侧缝线在腰围处收进 1.5cm,从而保持 8cm 的腰围放松量。

⑧修正上衣腰围线。上衣后中心线和侧缝线均延长 0.3cm。

⑨做裙摆辅助线。裙长尺寸的确定方法:正常腰线下裙长为腰至膝盖尺寸 41cm + 5cm = 46cm,自分割线下实际裙长尺寸为正常裙长尺寸 46cm + 胸围线至分割线的距离。

⑩确定腰围褶量。后片腰围褶量为$\frac{2}{3}$上衣后片腰围尺寸。

⑪做裙子腰围线。腰围线侧缝起翘量 0.7cm。

⑫做裙子侧缝线。裙摆在侧缝处的展开量为$\frac{1}{3}$胸围尺寸。

⑬做裙摆弧线。

⑭确定拉链止点的位置。拉链位于后中心,开口止点约在腰围分割线下 10cm 处。

⑮做领口与袖窿贴边。贴边在后中心和侧缝处的宽度为 2cm,绘制如图所示。

前片制图：

前片与后片的不同之处：

①确定袖窿深点。侧缝胸围点抬高 0.5cm。

②做前领口弧线。前领宽等于后领宽,领口弧线开深至高腰分割线的位置,自分割线与前

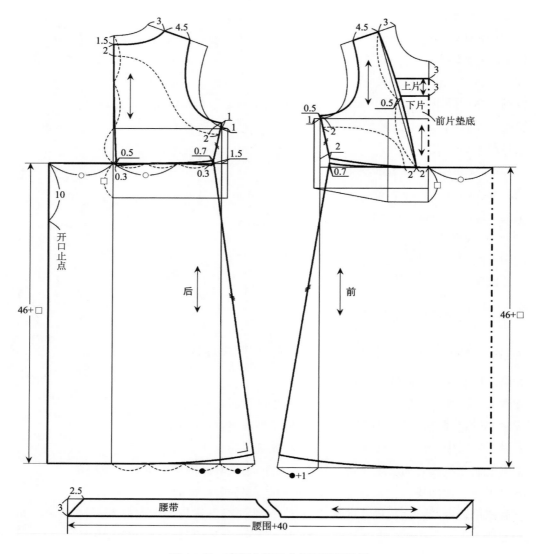

图 4－41　高腰分割连衣裙纸样设计图

中线的交点取 2cm，该点和领宽点弧线连接，在中点处外凸 0.5cm。

　　③做上衣侧缝线。前侧缝线和后侧缝线等长，在腰围处收进 2cm。

　　④做裙子侧缝线。裙摆在侧缝处的展开量为后片展开量 +1cm。

　　⑤做前片垫底。前片垫底距原型领深 3cm，过该点做上片垫底的上边线。上片垫底宽 3cm，过该点做上片垫底的下边线，此线又为下片垫底的上边线。

　　腰带制图：

　　腰带长度为实际腰围尺寸 +40cm，宽度为 3cm，斜角长度为 2.5cm。

（二）低腰分割连衣裙

　　腰线在实际腰围线以下，腰腹部有一定放松量，这种款式适合范围较广，穿着时间较长。

（1）**款式风格**

膝盖以下中等长度的裙长,胸部较合体,裙子有碎褶,一字领,短袖,低腰分割,双肩系扣（图4－42）。

图4－42　低腰分割连衣裙款式设计图

（2）**适合年龄**

1～12周岁女童。

（3）**规格设计**

衣长＝背长＋腰至膝盖尺寸＋5cm；

胸围＝净胸围＋（12～14）cm放松量；

袖长:根据款式进行设计。

以身高120cm儿童为例：

衣长＝28cm＋41cm＋5cm＝74cm；

胸围＝62cm＋14cm＝76cm；

袖长＝13cm。

（4）**纸样设计图**（图4－43）

利用身高120cm儿童衣身原型进行制图。

后片制图：

①确定腰部分割线。原型后中线向下延长$\frac{1}{2}$胸围线到腰围线的距离做低腰分割线。

②做后领口弧线。领宽展宽,展宽量为自颈侧点沿肩线移下3cm,领深不变。

③确定肩宽,并做后袖窿弧线。自原型肩端点收进1cm,从而保持前后肩宽尺寸的相等。

④做上衣侧缝线。侧缝线在正常腰位收进0.5cm。

⑤修正上衣腰围线。

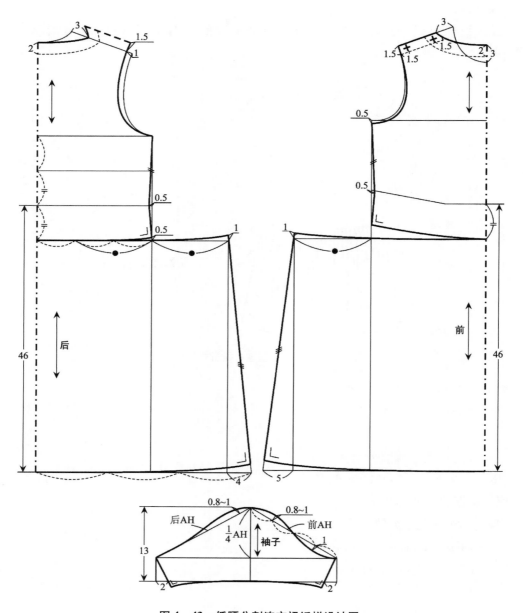

图4－43 低腰分割连衣裙纸样设计图

⑥做裙摆辅助线。裙长尺寸的确定方法：正常腰线下裙长为腰至膝盖尺寸41cm＋5cm＝46cm，自分割线下实际裙长尺寸为正常裙长尺寸46cm－正常腰围线至分割线的距离。

⑦做裙子腰围线。腰围褶量为$\frac{2}{3}$后片腰围尺寸，在低腰分割线上延长褶量尺寸，并在褶宽点起翘1cm。

⑧做裙子侧缝线。裙摆在侧缝处的展开量为4cm。

⑨做裙摆线。

⑩做领口贴边。贴边宽度为2cm。

前片制图：

前片与后片的不同之处：

①确定袖窿深点。袖窿深点在原型基础上降低0.5cm。

②做前领口弧线。前领宽等于后领宽，前领深点在原型领深的基础上抬高3cm。

③裙摆在侧缝处的展开量为5cm。

④做肩部搭门折边。搭门宽度1.5cm，两粒纽扣，分别距领口和袖窿1.5cm，绘制如图所示。

⑤根据前片搭门折边绘制后片搭门量。后片搭门的尺寸和形状与前片相同，在肩线处对合。

衣袖制图：

采用原型衣袖制图。

袖山高为$\frac{1}{4}$AH，前袖山斜线为前AH，后袖山斜线为后AH，袖长为13cm，袖口宽度为袖宽 -4cm。

第五章　1~12周岁儿童裤装纸样设计

裤子是将人体两腿分别包裹起来的服装,在服装组合中占有极其重要的地位。裤子能使下肢活动自如,因此在童装中作为主要的服装品种应用。儿童裤子和成人裤子一样,有多种多样的设计和穿用方式,但其主要特点是:穿脱简单、活动方便、适于生长、舒适美观。

第一节　裤装纸样设计概述

一、裤子制图各线名称及作用

（一）裤子制图各线名称(图5-1)

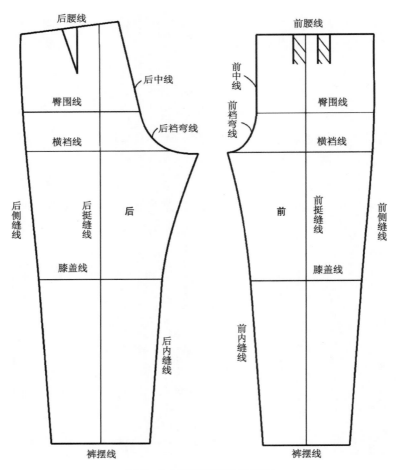

图5-1　裤子制图各线名称

（二）裤子制图各线作用

1. 前腰线和后腰线

裤子前、后腰线是根据其所处的人体部位而命名的,它和其他腰线作用不同。裙腰线和上身腰线多趋于直线,而裤子前腰线多接近于直线,后腰线由于上翘而成斜线,又称作后翘。当人体进行蹲、坐、弯腰等活动时,单靠直裆的长度不能满足活动量,并且人体臀部凸出,所以裤子造型上须增加后裆的长度。体型不同,后翘的数值也不同,扁臀体后翘可短一些,凸臀体后翘应长一些,并且应根据年龄、款式等进行尺寸的调整。

2. 前中线和后中线

裤子前、后中线和裙子前、后中线有所不同,裙子前、后中线通常保持直线特征,而裤子前、后中线由于横裆的作用都有所变形。

3. 前裆弯线和后裆弯线

前裆弯线是指通过腹部转向臀部的前转弯线。由于腹凸靠上而且不明显,所以前裆弯线小而平缓,又称作"小裆"。后裆弯线是指通过臀部转向腹部的后转弯线,由于臀凸靠下而挺起,所以弯度较急且深,又称作"大裆"。

4. 前内缝线和后内缝线

前、后内缝线指作用在下肢内侧所设计的结构线。由于裤子前、后内缝线都是为下肢内侧而设计的接缝,所以这两条线的曲度虽不相同,但长度应保持一致,这样才能构成裤筒的整体性。

5. 前侧缝线和后侧缝线

前、后侧缝线是作用胯部和下肢外侧所设计的结构线,由于它们都是为腰线以下侧体所设计的接缝,所以曲度不同,但长度应基本相同。

6. 前裤摆线和后裤摆线

前、后裤摆线是指前后裤口宽线,由于臀部比腹部的容量大,因此,一般后裤口比前裤口宽,从而取得臀部比例的平衡。但由于幼儿期儿童腹部比较凸出,和臀部相差较小,因此,在幼儿期裤摆线的设计中,前、后裤摆线的尺寸往往相同。

7. 前挺缝线和后挺缝线

挺缝线是确定和判断裤子造型及产品质量的重要依据。其品质标准是:膝盖线以下的前、后挺缝线两边的面积相等;前、后挺缝线必须与面料的经向一致。它在结构上不起什么作用,但对裤子整体质量的控制非常关键。

8. 臀围线

裤子臀围线不同于其他结构的臀围线,因为其他结构臀围线的作用只用来判定纸样臀部的位置,裤子臀围线除此作用以外,还制约着裆弯的深度,即臀围线一旦确定,裆弯深度也就固定下来了,即使臀围线以上部分变化很大,这段距离也不能改变,甚至裆弯的宽度有很大变化,这个尺寸也是比较稳定的。当臀部形体起伏较大时,后臀围线还会改变其水平状态。

9. 膝盖线

膝盖线是以膝盖位置确定的,它是为裤筒造型设计提供的基准线,由于裤子设计很少采用裤筒极为贴身的造型,因此它不起结构作用,只在外形上作为变化的参照线。膝盖线可根据造型的需要上下移动,需要注意的是,前、后膝盖线的变化应该同步,所以前、后膝盖线的两端也是前、后内缝线和侧缝线的对应点。裤子的贴身程度越大,膝盖线越不宜变动。

二、裤子的分类

（一）按裤子外轮廓分类（图5－2）

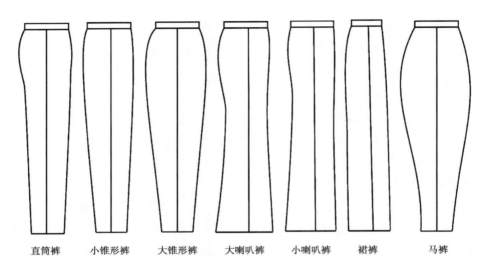

直筒裤　　小锥形裤　　大锥形裤　　大喇叭裤　　小喇叭裤　　裙裤　　马裤

图5－2　裤型分类

筒形裤:筒形裤呈长方形造型结构,常作为一般裤形造型的基础。筒形裤外形笔直,其设计有多种形式,但基本的原则是:裤口宽比膝盖线两边的宽度要窄1cm,从而保持视觉上的筒形结构。

锥形裤:锥形裤呈倒梯形结构,是臀部宽松、裤口自然变窄的裤型。

喇叭裤:喇叭裤呈梯形结构,是膝部以上紧身,膝部以下到裤口逐渐变宽的裤型。

裙裤:裙裤呈长方形结构,它结合了裤子的简单形式和裙子的复杂结构,在造型上追求裙子的风格,在结构设计上保持了裤子的横裆结构,裤筒比较肥大。

马裤:马裤呈菱形结构,是腰部收紧,两侧逐渐向下隆起,至膝关节突然收紧,小腿呈贴体造型的裤型。

（二）按裤子长度分类（图5－3）

长裤:从裤腰一直到踝骨位置的裤长。

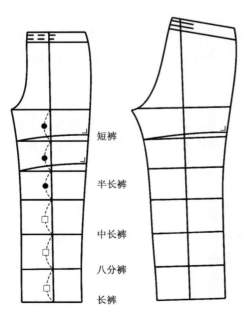

短裤

半长裤

中长裤

八分裤

长裤

图5－3　裤长分类

八分裤:从裤腰一直到小腿下$\frac{1}{3}$处上下的裤长。

中长裤:从裤腰一直到小腿上$\frac{1}{3}$上下,并在膝盖以下的裤长。

半长裤:从裤腰到大腿下$\frac{1}{3}$上下,并在膝盖以上的裤长。

短裤:从裤腰到大腿上$\frac{1}{3}$上下的裤长。

(三)按腰位线分类(图5-4)

正常腰位的裤子:腰线在人体正常腰围位置的裤子。

高腰裤:腰线高于人体正常腰线的裤子。

低腰裤:腰线低于人体正常腰线的裤子。

裤身腰位线的高低变化可以起到调整人体上下身比例关系的作用。儿童下肢占身体的比例较小,为了调整下身的比例,可选择高腰位线的各式长裤、短裤等,在腰部加以装饰或对上身进行装饰,从而引导人的目光上移。

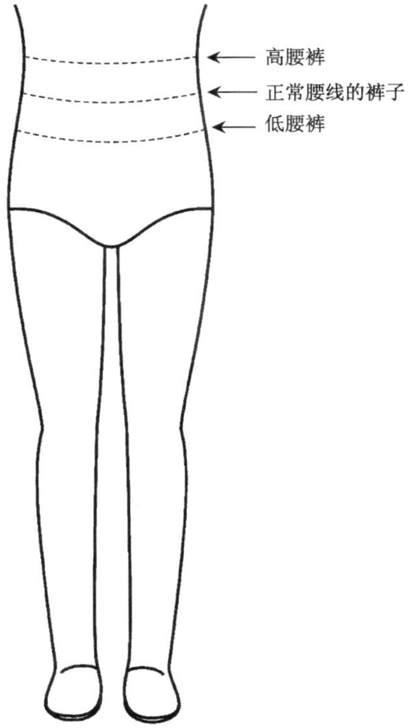

图5-4　按腰位线分类

(四)按裤口形式分类(图5-5)

平脚裤:裤脚呈直线状或趋于直线状的裤子。

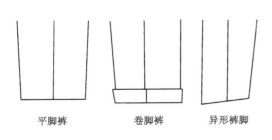

平脚裤　　　卷脚裤　　　异形裤脚

图5-5　按裤口形式分类

卷脚裤:裤脚部位翻转贴于裤筒上的裤子。

异形裤脚:裤脚部位呈各种形式,如斜线形、各种形状的曲线等的裤子。

三、儿童裤装纸样构成原理

(一)腰围放松量设计

儿童裤装腰围放松量设计和裙装腰围设计遵循相同的规律,即婴幼儿腰围放松量最小为4cm,以适应其进餐前后的变化,较大儿童一般控制在2～2.5cm,以满足其呼吸和活动的需要。

当腰位设计发生变化时,如高腰或低腰设计,要在定好高、低腰位线后再测量和加放尺寸。与臀围、胸围相比,腰围放松量较小,但仍存在一定的设计规律,根据设计类型的差异,贴体形裤装腰围放松量小于宽松形裤装腰围放松量。

　　在进行前后片腰围分配时,较大儿童由于受到臀围前小后大以及插袋方便的影响,腰围设计也遵循前小后大的设计规律,前后差值可以设计成1cm,即前片减去1cm,后片加上1cm。较小的儿童,由于腹凸明显,因此可以进行前、后片的等量设计。

(二)臀围放松量设计

　　臀围规格尺寸设计是决定裤装款式造型的重要依据,其放松量设计直接决定裤子的合体程度。同时,臀围又是其他各细部比例分配的依据,其与裤装大部分部位都存在主从关系。在进行放松量设计时,应考虑运动舒适性的影响,根据儿童不同姿态臀围尺寸的变化,其最小放松量一般控制在8cm,除此之外还应考虑款式造型的影响和内穿服装所引起的围度的加放。

　　较大儿童的体型接近于成年人,其腹凸小于臀凸,因此在进行前、后片臀围尺寸分配时,一般遵循前小后大的设计规律,前、后差值设计成1cm。较小儿童一般进行前、后片等量设计。当前身采用多褶裥宽松设计,后身仍采用贴体设计时,可以进行等量或前大后小的设计。

(三)上裆尺寸设计

　　上裆尺寸直接影响裤子的适体性与功能性,是裤子成品主要规格之一,其数值可以通过测量、计算和经验等几种方法获得。

1. 测量法(图5-6)

　　①人体站立时测量人体下裆长,用裤长减去下裆长,得出上裆尺寸。

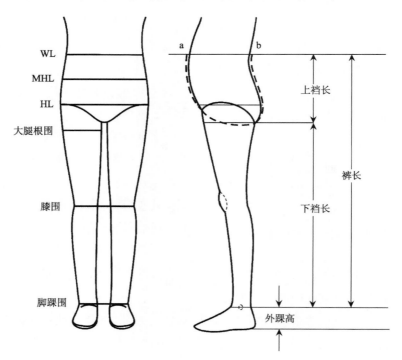

图5-6　各部位相关尺寸的测量

②人体站立时测量腰部最细部位至臀股沟处(臀部与大腿的交接处)长度。

③人坐在椅子上,测量腰部最细部位至椅子表面的长度再加上2~3cm。

2.计算法

①根据成品臀围尺寸进行计算。应用公式:$\frac{1}{4}$臀围 + 定数(不包括腰头)计算而得。这种方法将上裆尺寸与臀围尺寸相联系,忽略了下肢长度对上裆的影响,当人体下肢短而臀围大时,用该方法求得的上裆尺寸偏大。

②根据成品臀围和裤长两个尺寸共同计算。应用公式:$\frac{1}{10}$裤长 + $\frac{1}{10}$臀围 + 6cm(不含腰头)计算而得。这种方法兼顾了裤长和臀围两个因素。

③采用$\frac{2}{5}$通裆尺寸计算。通裆尺寸指前后裆与大小裆之和,如图5-6中,a点到b点为通裆测量,儿童通裆尺寸应加2~3cm的放松量。

3.经验法

对于标准裤子来讲,不同身高的儿童采用不同的经验数值,当裤型发生变化时,根据款型进行调整(表5-1)。

表5-1 儿童各部位尺寸表　　　　　　　　　　　　　单位:cm

部　位	尺　　　寸							
身高	80	90	100	110	120	130	140	150
净胸围	48	52	54	58	62	64	68	72
净腰围	47	50	52	54	56	58	60	64
净臀围	50	52	54	60	64	68	74	80
背长	19	20	22	24	28	30	32	34
腰高	44	51	58	65	72	79	87	93
臀高	14	14	14.5	14.5	15	15	15	17
上裆深	21	21	22	22	23	23	23	25

(四)前、后裆宽尺寸的设计

前、后裆宽尺寸的设计与人体臀部及下肢连接处所形成的结构特征密切相关,它反映了人体臀胯部的厚度,可依据臀围数据计算得到。

前、后裆在耻骨联合点处分开为前小裆弯和后大裆弯,前、后裆弯的设计比例可在结构设计时灵活掌握,通常,前小裆弯约取$\frac{1}{3}$总裆宽,后大裆弯约取$\frac{2}{3}$总裆宽。

当选用弹性面料时,横裆量应变小。增加横裆量时,应注意以下问题:一是无论横裆量增幅如何,其深度都不改变。因为横裆宽度的增加是为了改善臀部和下肢的活动环境,深度的增加不仅不能使下肢活动范围增大,还会使结果恰恰相反。因此裆弯的设计只有宽度增加的可能,而不能增加深度；二是无论横裆量增幅多少，都应保持前裆宽和后裆宽的比例关系；三是增加横裆量的同时，也要相应增加臀部的放松量，使造型比例趋于平衡。例如裙裤的横裆很大，臀部的放松量也有所增加。实际上，从裙裤的结构来看，横裆量的增大，还会使一系列的结构发生变化。

（五）后翘、后中线斜度和后裆弯的设计

后翘实际是使后中线和后裆弯的总长增加，显然这是为臀部前屈时裤子后身用量增大而设计的。后中线的斜度取决于臀大肌的造型，它们呈正比关系，即臀大肌的挺度越大，其结构的后中线斜度越明显（后中线与腰线夹角不变），后翘越大，使后裆弯自然加宽。因此，无论后翘、后中线斜度和后裆弯如何变化，最终影响它们的是臀凸，确切地说就是后中线斜度的大小意味着臀大肌挺起的程度。其斜度越大，裆弯的宽度也随之增大，同时臀部前屈活动所造成后身的用量就多，后翘也就越大。斜度越小，各项用量就自然缩小。由此可见，无论是后翘、后中线斜度还是后裆弯宽，其中任何一个部位发生变化，其他部位都应随之改变。

但当横裆增幅到一定量时，后中线斜度和后翘的意义就不复存在了。裙裤结构的后中线呈垂直线，无后翘，就是这种结构关系的反映。裙子结构中没有横裆，这种牵制作用就完全消失了，裙腰线就可以按人体的实际腰线特征设定，因此裙后腰线不仅无须设后翘，还要适当下降。

第二节　直筒裤纸样设计

直筒裤为长方形造型，作为裤子的基本型，具有垂直的外形轮廓，即从腰部到臀部随体型有适当的放松量，裤腿到裤口为直筒形。裤子的面料以棉、毛、麻、化纤等质地为好，但童裤仍以棉织物为主。

直筒裤作为童裤造型设计的标准，其结构表达形式就是裤子基本纸样，可以有三种造型习惯，一是腰部用省的筒形裤，二是腰部用褶裥的筒形裤，三是腰部抽褶的筒形裤。第一种利用省量，臀部做合身处理；第二种是在第一种基础上使原省量改为活褶制作，增加实用功能；第三种是减小腰腹之差，即增加腰围的尺寸，在幼童中可以使腰围与臀围的尺寸相等，以增加活动量。

无论哪一种筒形裤，在造型上，裤口宽都应比膝盖线两边的宽度窄 0.5～1cm，这样穿着后，从视觉上让人感觉裤口和中裆宽度一致。

一、大童直筒裤

（1）款式风格

较贴体，前身做斜插袋，腰部绱腰头，前片有一个褶裥，后片有省，直筒裤设计（图5－7）。

（2）适合年龄

6～12周岁儿童。

图5－7　大童直筒裤款式设计图

（3）**规格设计**

裤长＝腰围线到踝骨的距离（正常裤长）；

上裆＝基本上裆尺寸；

腰围＝净腰围＋2cm放松量；

臀围＝净臀围＋12cm放松量；

裤口：根据年龄和款型确定。

以身高150cm男童为例：

裤长＝95cm；

上裆＝25cm（不含腰头）；

臀围＝80cm＋12cm＝92cm；

腰围＝64cm＋2cm＝66cm；

裤口＝18cm。

（4）**纸样设计图**（图5－8）

前片制图：

①作长方形。长方形宽为$\frac{1}{4}$成品臀围尺寸23cm，高为上裆尺寸25cm。

②做臀围线。臀围线位于腰围辅助线至横裆线的下$\frac{1}{3}$处。

③做裤摆线。自腰辅助线量取（裤长－3cm腰头宽）92cm做裤摆线。

④做中裆线。平分裤摆线与横裆线之间的距离，自平分点上移3cm做中裆线。

⑤做挺缝线。把前臀围线4等分，每等份用●表示，将第二等份再三等分，过第二等分点做前挺缝线。

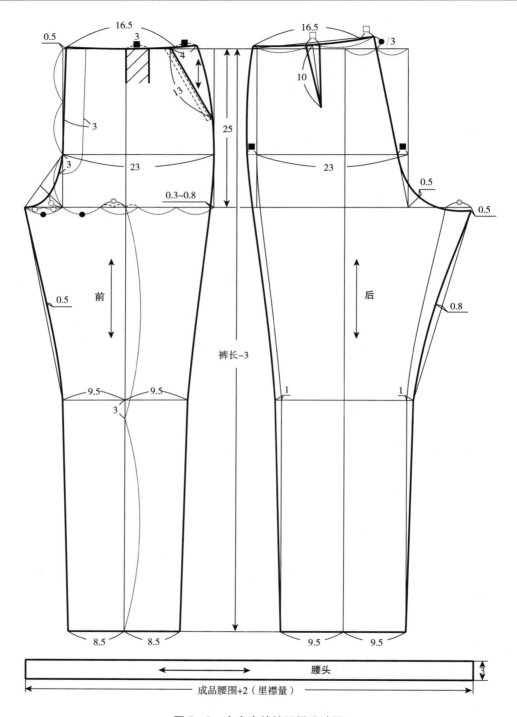

图5-8　大童直筒裤纸样设计图

⑥确定小裆宽度。小裆宽为$\frac{1}{4}$前臀尺寸,即●。

⑦做前中线与前裆弧线。做前裆宽和前中辅助线的角平分线,在角分线上取$\frac{1}{2}$小裆宽作为

小裆内凹点。前中收腹量 0.5cm，直线连接收腹点和前臀围点，弧线连接前臀围点、小裆内凹点和小裆宽点，完成前中心线与前裆弧线的绘制。

⑧做前腰围线。前腰围尺寸为 $\frac{1}{4}$ 成品腰围尺寸 16.5cm，前片臀腰差量中的 3cm 作为片内褶裥量，记作 ■。其余作为侧缝收进少量，褶裥的位置：顺挺缝线。

⑨确定裤口宽。在裤摆线上，自挺缝线向两边分别取裤口宽（$\frac{1}{2}$ 裤口 $-0.5cm$）8.5cm。

⑩确定中裆尺寸。中裆尺寸为裤口 +2cm。

⑪做前内缝线。弧线连接小裆宽点和中裆内缝点，在中点处凹进 0.5cm，直线连接中裆内缝点和裤口点。

⑫做前侧缝线。侧缝线在横裆位置收进 0.3～0.8cm，中裆以上做弧线，中裆以下做直线。

⑬做斜插袋。斜插袋袋口宽 4cm，袋口大小根据年龄确定，本例取 13cm，做袋口斜线。

⑭确定门襟宽度和长度。门襟宽 3cm，长为自腰围线至臀围线下 3cm 的位置，做门襟弧线。

后片制图：

在前片基础上进行绘制。后片臀围线、横裆线、中裆线、裤口线和挺缝线对应于前片相应部位。

①做后裆线。在腰辅助线上，取后中线与挺缝线的中点；在横裆线上取横裆线与后中线的交点，连接两点确定裆斜。后裆起翘量为 $\frac{1}{3}$ 小裆宽，落裆 0.5cm，大裆宽在小裆宽的基础上增加 $\frac{2}{3}$ 小裆宽，大裆凹量在小裆凹量的基础上降低 0.5cm。

②做后腰围线。自后裆起翘点向腰辅助线做斜线，斜线长为 $\frac{1}{4}$ 成品腰围 +2cm 省量，交点为腰围侧缝点，弧线修正后腰围线。后腰围线中增加的 2cm 省量，位置在后腰围的二分之一处，过省位点做腰线的垂线确定省长，省长为 10cm，省长需根据儿童年龄进行调整。

③确定后裤口宽。在裤摆线上，自挺缝线向两边分别取后裤口尺寸为 $\frac{1}{2}$ 裤口 +0.5cm。

④确定后中裆尺寸。自前中裆宽在两侧分别加大 1cm。

⑤做后内缝线。弧线连接大裆宽点和中裆点，直线连接中裆点和裤口点。

⑥做后侧缝线。在臀围线上，自后裆弯起点取前臀围相同尺寸，终点为臀围侧缝点。弧线连接腰围侧缝点、臀围侧缝点和中裆侧缝点，直线连接中裆侧缝点和裤口侧缝点。

腰头制图：

腰头长为成品腰围尺寸 +2cm 里襟量，宽 3cm。

二、中小童直筒裤

（1）款式风格

较宽松，前身做平插袋，腰部绱腰头，两侧抽褶，前裤片分割和口袋装饰，后裤片分割设计，

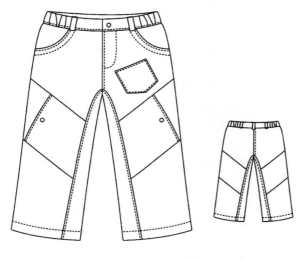

图5-9　中小童直筒裤款式设计图

直筒裤型(图5-9)。

(2)**适合年龄**

1~10周岁儿童。

(3)**规格设计**

裤长=正常裤长；

上裆=基本上裆尺寸；

臀围=净臀围+16cm放松量；

腰围=净腰围+4cm放松量；

裤口=15~20cm(根据年龄进行设计)。

以身高120cm男童为例：

裤长=72cm；

上裆=23cm(不含腰头)；

臀围=64cm+16cm=80cm；

腰围=56cm+4cm=60cm；

裤口=17cm。

(4)**纸样设计图**(图5-10)

前片制图：

前片基本型制图与图5-8大童直筒裤制图方法相同,根据中小童尺寸进行调整即可。

①做平插袋。平插袋口宽至挺缝线的位置,袋口距腰头尺寸5cm。袋口弧线的做法：沿挺缝线自腰围线取1cm点,直线连接该点和袋口止点,在斜线中点做垂线长1.5cm,过三点做袋口弧线。

②做内缝处纵向分割线。在裤摆线上平分挺缝线至内缝线之间的距离,弧线连接中点和小裆宽点。

③做横向分割线。侧缝处横向分割线在横裆线上2cm处,内侧缝处横向分割线在纵向分割线上距小裆宽点6cm处,两点直线连接。两条横向分割线相互平行,相距20cm。两条横向分割线之间的纵向分割线制图如纸样设计图所示。

④做左片装饰贴袋。口袋宽11cm,长10cm,宝剑头1.5cm。位置在分割片中纵向分割线的延长线上,距上分割线2cm。

⑤确定门襟宽度和长度。门襟宽3cm,长至臀围线下3cm。

后片制图：

在前片基础上进行绘制。后片基本型制图与图5-8大童直筒裤的制图方法基本相同,根据中小童裤装尺寸进行调整。

①做后腰围线。自起翘点向腰围辅助线做斜线,斜线长$\frac{1}{4}$成品腰围+2cm即17cm,2cm作为抽橡筋的放松量,交点为腰围侧缝点。

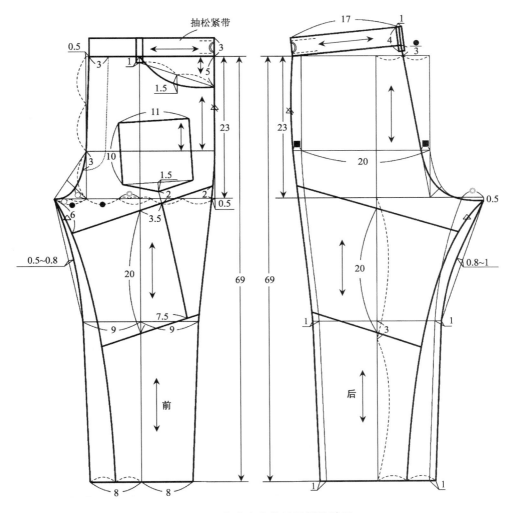

图 5 - 10　中小童直筒裤纸样设计图

②做内缝处纵向分割线。在裤摆线上平分挺缝线至内缝线之间的距离,弧线连接中点和大裆宽点。

③做横向分割线。横向分割线侧缝处和内侧缝处位置与前片相同。

腰头制图:

腰头长度与前后片腰围尺寸相同,宽为3cm。

穿带襻制图:

穿带襻宽1cm,长4cm,位置如图5 - 10所示。

第三节　锥形裤纸样设计

锥形裤为倒梯形造型,在造型上强调臀部,因此臀部放松量较大,相应收紧裤口,提高裤摆位置。在结构上采用腰部打褶及高腰处理,裤长应在筒裤的基础上相应减小,不宜超过踝骨,当裤摆尺寸减小到小于足围时,裤口应设计开衩。锥形裤具有良好的舒适性和运动性,因此在童装上有广泛的应用。

一、锥形裤纸样设计原理

合体型锥形裤的臀腰部位比较合体,因此采用直接制图法,其纸样设计原理遵循直筒裤的设计,裤口和中档部位的尺寸应进行调整。

宽松型锥形裤纸样设计方法与成人锥形裤设计相同,即采用在膝盖线切展和裤摆线切展的方法,为适应儿童的特点,增强舒适性,采用在裤摆切展的方法更为常见。

（一）膝盖线以上增加褶量的锥形裤（图5-11）

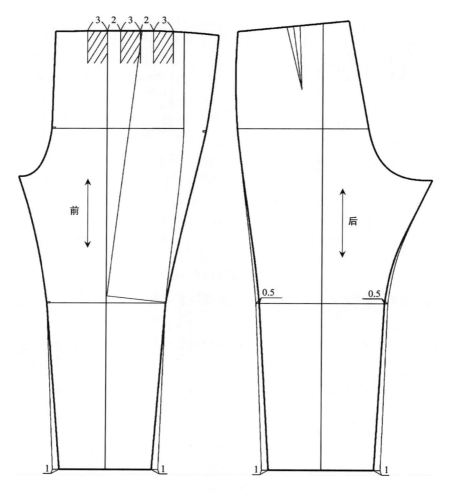

图5-11　膝盖线以上增加褶量的锥形裤

在膝盖线以上增加褶量就表示褶量从腰部消失在膝盖位置,这样就要从膝盖线侧缝位置切

展,增加褶量。膝盖线以上增加褶量的锥形裤采用在筒裤基础上进行制图的方法,制图步骤如下:

①做膝盖线以上增加的褶量。前片自挺缝线和膝盖线位置进行切展,并顺时针旋转切展部位,旋转量根据造型确定。

②确定前片裤口尺寸。裤口尺寸在筒裤基础上减小2cm。

③修顺前片侧缝线和内侧缝线。

④修顺腰围线,并根据造型进行褶裥或抽碎褶处理。

⑤确定后片裤口尺寸。后片裤口在筒裤基础上减小尺寸同前片,中裆减小量应小于裤口减小量,以体现锥形裤的造型。

⑥修顺后片侧缝线和内侧缝线。

(二)自裤摆增加褶量的锥形裤(图5-12)

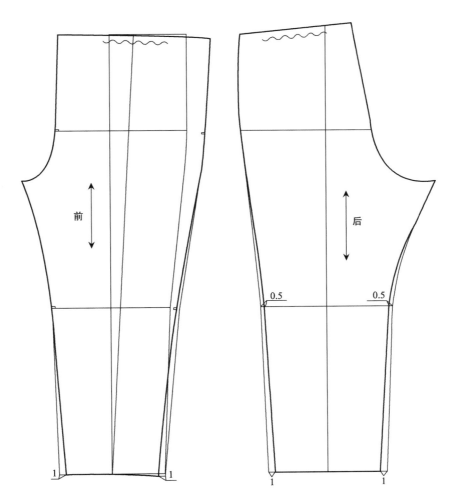

图5-12　自裤摆增加褶量的锥形裤

自裤摆增加褶量的锥形裤,就表示褶量从腰部一直消失在裤摆,这就要求从裤摆位置切展,增加褶量。仍然采用在筒裤基础上进行制图的方法,切展位置在挺缝线和裤摆线,旋转方法及其他部位的处理同图5－11。

二、锥形裤纸样设计

(一)育克锥形裤

分割线比纯粹的省缝更具有装饰性和造型性,育克是分割线的一种特殊形式,在裤装结构中只用在腰臀部位。

(1)**款式风格**

较贴体的锥形裤,前身做平插袋,腰部绱腰头,后裤片育克装饰,外翻裤口设计(图5－13)。

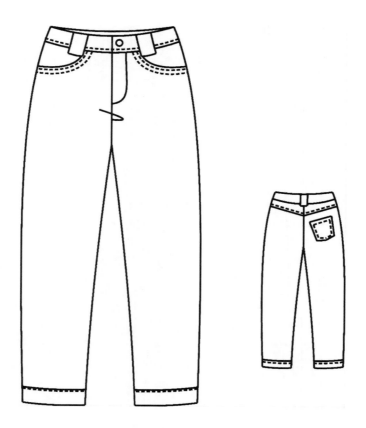

图5－13　育克锥形裤款式设计图

(2)**适合年龄**

3～12周岁儿童。

(3)**规格设计**

裤长＝正常裤长;

上裆＝基本上裆尺寸;

臀围 = 净臀围 + 10cm 放松量；

腰围 = 净腰围 + 4cm 放松量；

裤口 = 15 ~ 18cm(根据年龄进行设计)。

以身高 140cm 男童为例：

裤长 = 87cm；

上裆 = 23cm(不含腰头)；

臀围 = 74cm + 10cm = 84cm；

腰围 = 60cm + 4cm = 64cm；

裤口 = 16cm。

(4)**纸样设计图**(图 5 – 14)

育克锥形裤纸样设计图采用独立制图法。

前片制图：

前片长方形宽为 $\frac{1}{4}$ 成品臀围尺寸 21cm，高为上裆尺寸 23cm。裤口线为自腰辅助线量取 (裤长 – 3cm 腰头宽)84cm 所得。其他部位如臀围线、中裆线、挺缝线、小裆宽、前中线、小裆弯弧线、侧缝线、内侧缝线及门襟的制图方法同图 5 – 8 直筒裤。不同之处：

①做前腰围线。前腰围尺寸为 $\frac{1}{4}$ 成品腰围尺寸 16cm，侧缝点起翘 0.5cm。

②确定裤口宽。裤口宽采用前后裤口相等的方法，取 $\frac{1}{2}$ 裤口尺寸。

③确定中裆尺寸。中裆尺寸为裤口 + 4cm。

④做裤口折边。折边宽 3cm，做三层折边设计。

⑤做平插袋。平插袋口宽至挺缝线的位置，袋口尺寸 6cm。袋口弧线的做法：直线连接袋口宽点和袋口止点，在中点内凹 1.5cm，过三点做弧线。

后片制图：

在前片基础上进行绘制。后裆线、后侧缝线的制图方法同图 5 – 8 直筒裤。不同之处：

①做后腰线。自后中心起翘点向腰辅助线做斜线，斜线长为 $\frac{1}{4}$ 成品腰围 + 2cm 省量，在交点处起翘 0.5cm 作为侧缝起翘点，弧线修正后腰围线。

②做后片育克。育克后中心宽度 5cm，侧缝处宽度 2.5cm，腰围线的中点和育克下边线中点的连线作为省的中心线，省宽 2cm，省长 8cm，省的长度根据年龄进行调整。

③确定中裆尺寸。在中裆线上，自前中裆宽在两侧分别加大 1cm，作为后中裆的宽度。

④合并后育克省量，修正腰围线和育克下边线，完成育克样板的处理。

腰头制图：

腰头长为成品腰围尺寸 + 2cm 里襟量，宽 3cm。

穿带襻制图：

穿带襻宽 2cm，长 4cm。

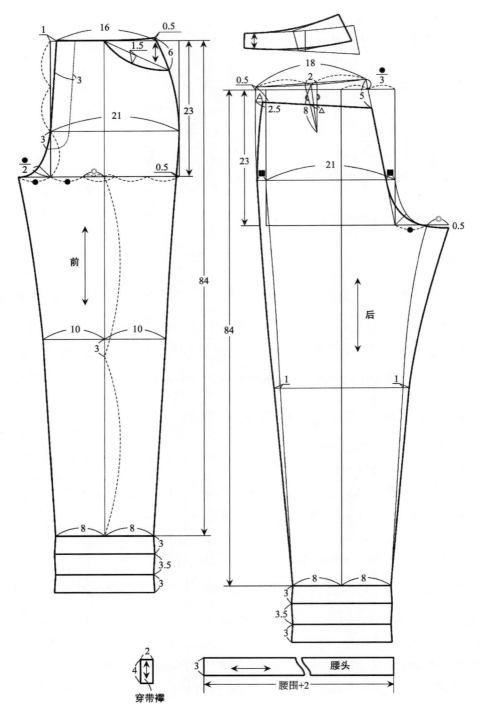

图 5 – 14　育克锥形裤纸样设计图

(二)高腰褶裥锥形裤

　　高腰裤腰位比正常腰位要高,但实际上腰线并没有改变,因此在结构上腰部形成菱形省,造型呈现臀部流线形。高腰裤多是对成年女性臀部造型进行强调的设计,因此在童装中应用于年龄较大的女童。

(1)**款式风格**

合体高腰锥形裤,直插袋,连腰设计(图5-15)。

图5-15 高腰褶裥锥形裤款式设计图

(2)**适合年龄**

10周岁以上女童。

(3)**规格设计**

裤长 = 正常裤长 -3cm(略短于正常裤长);

上裆 = 基本上裆尺寸;

臀围 = 净臀围 +12cm 放松量;

腰围 = 净腰围 +2cm 放松量;

裤口 = 15 ~18cm(根据年龄进行设计)。

以身高150cm 女童为例:

裤长 =95cm -3cm =92cm;

上裆 =25cm(不含腰头);

臀围 =80cm +12cm =92cm;

腰围 =64cm +2cm =66cm;

裤口 = 17cm。

（4）**纸样设计图**（图 5 - 16）

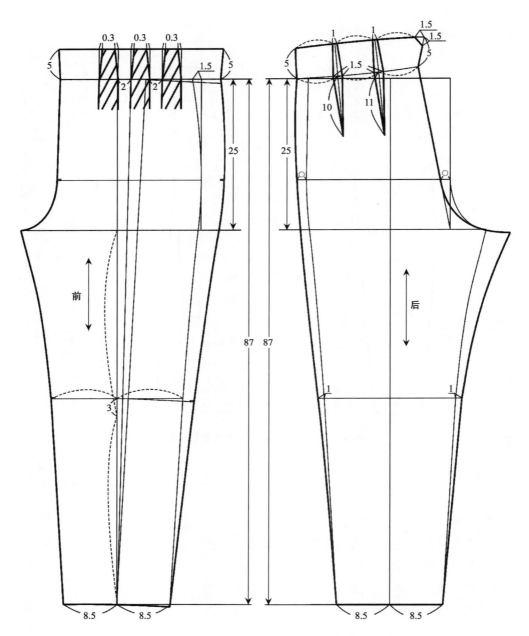

图 5 - 16　高腰褶裥锥形裤纸样设计图

前片制图：

在标准筒裤的基础上进行制图。标准筒裤其他部位制图同图 5 - 8 直筒裤做法。不同之处：裤摆线为自腰围辅助线向下取 87cm（裤长 - 5cm）所得，裤口尺寸为 17cm，侧缝腰围点在筒裤基础上收进 1.5cm。

①做自裤摆线增加的褶量。自挺缝线和裤摆线切展,并顺时针旋转切展部位,旋转量根据造型确定。

②修正挺缝线。在完成的锥形裤纸样上重新确定中裆的中点,和裤口中点相连并延长至腰线作为新的挺缝线。

③做高腰设计。高腰宽5cm,腰部前中心和侧缝按裤片前中心和侧缝的反角进行延长。

④做腰部褶裥。实际绘制的腰围尺寸与 $\frac{1}{4}$ 成品腰围尺寸16.5cm的差为褶裥量,褶裥平分为三个,在挺缝线右侧并入挺缝线上设计一个,其余两个相距2cm向前后分别设计。在高腰腰线上根据儿童的体型修正褶裥的尺寸。

后片制图:

在前片标准纸样的基础上绘制,后裆线制图同标准筒裤的制图方法。

①确定后裤口宽。后裤口宽度同前裤口宽度。

②确定中裆尺寸。在中裆线上,自前中裆宽在两侧分别加大1cm,作为后中裆的宽度。

③做后腰线。后腰围尺寸为 $\frac{1}{4}$ 成品腰围尺寸 +3cm 省量,即19.5cm。

④做后片高腰设计。高腰宽5cm,腰部后中心和侧缝按裤片后中心和侧缝的反角进行延长,后中心做小开衩,开衩大小1.5cm。

⑤做腰省。省位在后腰的两个 $\frac{1}{3}$ 点,两个省量相等,靠近后中的省长为11cm,靠近侧缝的省长为10cm。为了增加腰部的合体性,在实际腰线上做菱形省,省宽根据体型进行设计。

第四节　喇叭裤纸样设计

喇叭裤的廓型是梯形,因此纸样处理方法与锥形裤相反。臀部一般采用紧身、低腰、无褶的结构,使臀部造型平整而丰满。裤口宽度增加,同时加长裤长。由于裤长较长,前裤片落至脚面,因此前裤口线的处理应作稍凹状,后裤口线的处理应作稍凸状。对喇叭裤来讲,膝盖线是一条造型选择基准线,正常的喇叭口起点是膝盖线和裤片边线的交点,但由于喇叭口主要起造型作用,因此,喇叭口起点可以在膝盖线上下移动,大喇叭裤起点在膝盖线以上,极限位置是在横裆线以下,因为当喇叭口起点升至横裆线时,就不具备喇叭裤的特点了,而是变成了裙裤结构,这是从量到质的转化过程,由此使裤子其他部位的结构也发生了变化。小喇叭裤起点在膝盖线以下(图5-17)。儿童喇叭裤纸样设计与成人有不同之处,主要表现在:一是臀部放松量的设计,放松量一般采用标准裤型松量,对臀部并不进行紧身处理;二是腰部设计形式,可采用低腰位,也可采用正常腰位,可以设计省、褶裥和碎褶,儿童年龄越接近成年人,其喇叭裤的造型与纸样设计也就越接近成年人;三是为了不给儿童的活动造成不便,在设计上尽量不选用大喇叭口设计。

以下用实例说明喇叭裤纸样设计。

（1）**款式风格**

较贴体低腰喇叭裤,前身做平插袋,前片无褶、无省,后片有一省,腰部绱腰头(图5－18)。

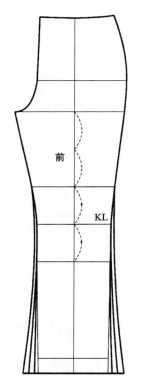

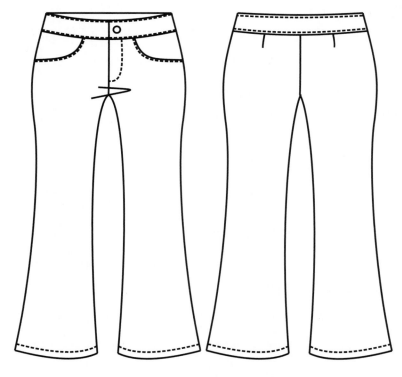

图5－17　喇叭裤口设计　　　　　　图5－18　低腰喇叭裤款式设计图

（2）**适合年龄**

10周岁以上儿童。

（3）**规格设计**

裤长＝正常裤长(腰位低于正常腰位4cm,裤长长于正常裤长4cm,因此裤长尺寸和正常裤长相同);

上裆＝基本上裆尺寸;

臀围＝净臀围＋12cm放松量;

腰围＝净腰围＋2cm放松量;

裤口＝18～24cm(根据年龄进行设计)。

以身高150cm女童为例:

裤长＝95cm;

上裆＝25cm(不含腰头);

臀围＝80cm＋12cm＝92cm;

腰围＝64cm＋2cm＝66cm;

裤口＝24cm。

（4）纸样设计图（图5－19）

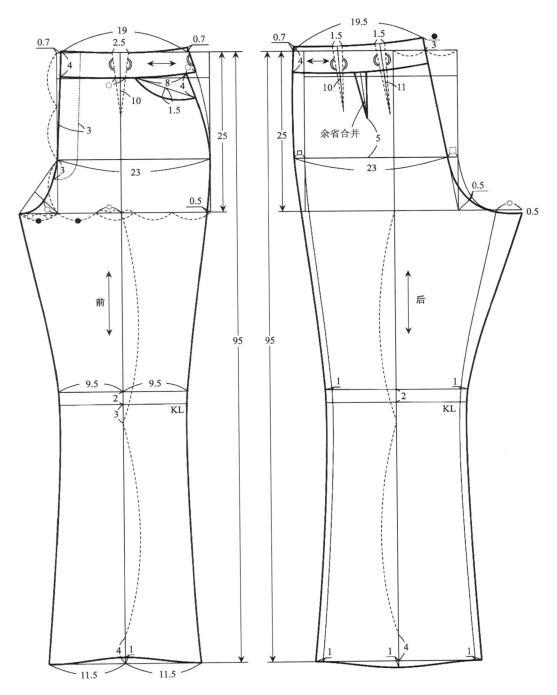

图5－19　低腰喇叭裤纸样设计图

基本型的制图方法基本同图5－8直筒裤。

前片制图：

①做裤摆线。自腰围辅助线向下取裤长尺寸做裤摆线,取裤口尺寸(成品裤口 – 1cm)23cm,该尺寸被挺缝线平分。

②做中裆线。正常中裆线同直筒裤的做法,即自腰围辅助线向下取裤长 – 4cm 腰头宽作为正常裤长的摆位,自横裆线和正常裤摆线的中点上移 3cm 做正常位中裆线。喇叭口的起点在正常中裆线上 2cm 处,中裆尺寸为前裤口宽 – 4cm。

③做腰围线。收腹量 0.7cm,自收腹点取 $\frac{1}{4}$ 成品腰围 + 2.5cm 省量 19cm,在侧缝点起翘 0.7cm。省位在腰围线的中点,省长 10cm。

④做低腰设计。腰位比正常腰位低 4cm,前片腰位降低后,省量减小,省的作用减弱,根据款式造型,前片没有出现腰省,因此剩余的省量并入侧缝,从而确定新的腰围侧缝点。

⑤修正裤摆线。裤长较长,前片裤口做上凹曲线,凹量为 1cm。

⑥做平插袋。平插袋口宽 8cm,袋口尺寸 4cm。袋口弧线的作图同图 5 – 14 育克锥形裤。

后片制图:

在前片基础上进行绘制,后裆线等部位的制图同标准直筒裤。

①确定后裤口宽。在前裤口基础上,挺缝线两侧各加 1cm。

②确定中裆尺寸。在中裆线上,自前中裆宽在两侧分别加大 1cm。

③做后腰围线。后腰围尺寸为 $\frac{1}{4}$ 成品腰围 + 3cm 省量,即 19.5cm,省位在腰围线的两个 $\frac{1}{3}$ 点,省长分别为 10cm 和 11cm。

④做低腰设计。腰位和前片腰位相同,比正常腰位低 4cm,根据款式造型,后片有一个省,因此,剩余省量合并成一个省,位置在腰围的中点,省尖点距臀围线 5cm。

⑤修正裤口线。后片裤口做下凸曲线,凸量为 1cm。

腰头制图:

腰头宽 4cm,长度同腰围尺寸。

第五节　裙裤纸样设计

裙裤是裤子的简单形式,裙子的复杂结构,在纸样上保持了裤子的横裆结构,在造型上追求了裙子的简单风格。儿童天性好动,因此裙裤是儿童服装中非常实用的款式之一,在日常服装、校服等方面应用广泛。

一、裙裤纸样设计原理

裙裤具有裙子的造型特点,因此裙摆的增加量应均匀分布,不但在侧缝有所增加,在裆部也应增加。但内侧缝裙摆量的增加应慎重,因为内侧缝增加过多的摆量,在运动时会出现摩擦,不运动时在两腿之间也会增加很多褶,影响美观,因此无论裙摆如何变化,内侧缝摆量应相对稳定。

　　裙裤和裤装一样,都是包裹下半身的服装,而且在结构上采用的是裤子的结构形式,但它和裤子在后腰线的结构处理却是相反的,采用的是裙子后腰线的结构处理形式,原因与人体构造和服装的功能性有关。

　　裙子呈圆筒状或圆锥状包裹住人体下半身,圆筒或圆锥下口敞开,里面没有任何牵绊,全部重力都靠裙腰部支撑附着于人体腰部,裙腰线只有落在人体的自然腰围线上〔实际人体的自然腰围线(腰部最细处)呈前高后低的斜线状态〕,裙子才能很好地包装人的下半身:即侧缝垂直、下摆水平。否则,裙子将不能很好地悬垂,侧缝将摆向前片,裙摆将出现前翘后贴或出现相反现象。因此,在平面纸样结构处理上,后中腰线要下落,使其呈前高后低的斜线状态,这样才可达到均衡包覆人体和裙摆水平的理想穿着效果。由于裙下摆的敞开和裙筒内没有牵绊,当人体弯曲或下蹲运动时,臀部纵向伸长量将由裙下摆的上移来提供。而裤子由于有裆缝结构,使裤子在大圆筒内有了腰臀和下肢分离开的内部隔膜和前后牵制线——裆弯。同时裆弯线也使得裤子前中线经臀沟到后中线形成一个半封闭圈状。这条半封闭圈线在一定范围内可调节裤子前后、上下与人体的平衡关系。越合体的裤子,这条前倾的椭圆形半封闭圈越接近其所处人体部位形状,即紧身形的裤子的裆宽和裆深都较宽松形小、后中线的倾斜却较宽松形大。裤子的机能性越强,前中、裆底、后中越顺体势附着于其所处人体部位,裆缝的前后、上下调节性越弱,下肢裤筒往上移动受到的限制越强。臀部弯曲和下蹲时后身的纵向伸长量主要靠横裆以上部位来提供,为了使裤子有良好的穿着机能性,在结构设计上将裤子的后中腰位设在人体水平腰围线以上,使裤子腰线呈后高前低状,给臀部一个纵向功能需要长度。所以在裤子平面纸样上,出现了后中腰线上翘的结构处理,它的目的在于给臀部前曲、下蹲运动时,提供裤子后身纵向长度增长备用量,以保证裤子满足人体功能要求。

　　裙子和裤子腰线呈前高后低和后高前低两种状态是可以相互转化的,它主要受裆弯对人体牵制程度的影响而变化。随着裆弯宽度不断改变、后中倾斜度的增减也相互转化。当裆弯宽度不断增大,后中倾斜度逐渐降低时,裆弯所形成的半封闭圈与身体的贴合程度越来越小,所产生的前后、上下的牵制作用越来越低,裤子越来越向裙子的筒状结构发展,裤筒上移运动越来越不受阻碍,直到裆弯的牵制作用消失,成为实际的裙子结构,裙裤后中腰线不仅不上翘,而且还像裙子一样下落,完全是裙子的内在结构形式。同样,裙子若加上与裤子一样的裆弯结构,当裆弯宽度不断减小,后中线倾斜度不断增大,直至与人体状态一致时,裤子越来越合体,裆弯的牵制作用越来越明显,人体臀部前屈运动的后身纵向伸长量越来越依赖后中腰线的上翘量来供给,因此,裆弯窄,后中线倾斜大,上翘度也大。

二、裙裤纸样设计

　　(1)款式风格

　　较宽松裙裤设计,前腰围收碎褶,后腰围缉橡筋,橡筋长度可根据年龄和造型进行设计(图5-20)。

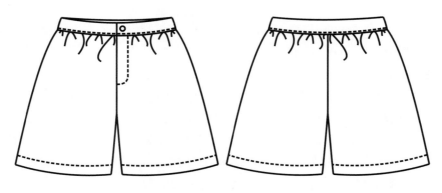

图5－20　裙裤款式设计图

(2)**适合年龄**

1～12周岁女童。

(3)**规格设计**

裤长 = 腰至膝盖尺寸 – 3cm;

上裆 = 基本上裆尺寸 + 2cm 长度放松量(不含腰头);

臀围 = 净臀围 + 16cm 放松量;

腰围 = 净腰围 + 2cm 放松量。

以身高120cm女童为例:

裤长 = 41cm – 3cm = 38cm;

上裆 = 23cm + 2cm = 25cm(不含腰头);

臀围 = 64cm + 16cm = 80cm;

腰围 = 56cm + 2cm = 58cm。

(4)**纸样设计图**(图5－21)

前片制图:

①做长方形。长方形宽为 $\frac{1}{4}$ 成品臀围尺寸20cm,高为上裆尺寸25cm。

②做臀围线。臀围线位于腰围辅助线至横裆线的下 $\frac{1}{3}$ 处。

③做裤摆线。自腰辅助线量取(裤长 – 3cm 腰头宽)35cm 做裤摆线。

④做前中线。前中收腹量为0.5cm。

⑤做腰围线。在腰辅助线上,自侧缝辅助线收进2cm并起翘0.5cm,作为腰围侧缝点, $\frac{1}{4}$ 腰围尺寸为14.5cm,该尺寸与腰围实际绘制量的差值为腰围褶量。

⑥做裆部展开量。前中心延长横裆线1cm作为横裆展开量的基础点,连接该点和前中臀围点,并延长,该线作为裆部展开量的基础线。在进行不同长度裤长设计时,该线均可作为裆部展开量的基础线。

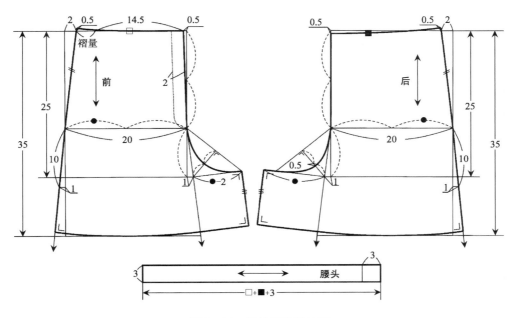

图 5－21　裙裤纸样设计图

　　⑦做前裆弯弧线。自横裆 1cm 展开点做展开基础线的垂线，垂线长为 $\frac{1}{2}$ 前臀尺寸 $-2cm$，该尺寸为裙裤的前裆尺寸。过前裆点和前中心臀围点做斜线，过 1cm 展开点做斜线的垂线，垂线的 $\frac{1}{2}$ 点为前裆弯弧线的内凹点。

　　⑧做内侧缝线。过前裆点做裆部展开基础线的平行线为内侧缝线。

　　⑨做侧缝线。过腰围侧缝点和臀围侧缝点做弧线。在侧缝辅助线上，自臀围线向下取 10cm，并向外展开 1cm，作为侧缝展开量的基础点，连接臀围侧缝点和该基础点并延长至裤摆线，该直线和弧线圆顺相接。

　　⑩做裤摆线。

　　⑪做门襟。门襟宽 2cm，长度至臀围线的位置。

后片制图：

　　后片臀围线、横裆线、裤摆线、侧缝线、裆部展开量的基础线同前片对应部位的做法。与前片不同之处：

　　①确定后中心线。裙裤为宽松设计，后裆线可以确定为直线。

　　②做腰围线。腰围后中心下落 0.5cm。

　　③做后裆弯弧线。后裆宽度为 $\frac{1}{2}$ 前臀尺寸，后裆弯量在前裆弯量的基础上减小 0.5cm。

腰头制图：

　　腰头宽 3cm，长为前后片腰围尺寸 +3cm 里襟量。

第六节　短裤纸样设计

短裤适用面广,穿脱方便,适合运动比较激烈、成长比较迅速的学龄儿童。短裤面料不拘一格,可采用纯棉、化纤、纯毛和各种混纺织物。短裤的种类较多,有比较正式的西装短裤,也有适合活动的运动短裤,还有居家穿着的休闲短裤。下面介绍牛仔短裤的纸样设计。

(1)**款式风格**

较贴体设计,前身做平插袋,腰部绱松紧腰头,后臀部育克设计,并装饰贴袋(图5－22)。

图5－22　牛仔短裤款式设计图

(2)**适合年龄**

6周岁以上儿童。

(3)**规格设计**

裤长 =(横裆以下以不露出内衣为限度)上裆尺寸 +(5~10cm);

腰围 =(收橡筋尺寸)净腰围 −5cm 放松量;

臀围 =净臀围 +6cm 放松量;

上裆 =基本上裆尺寸(不含腰头)。

以身高150cm 儿童为例:

裤长 =25cm +10cm =35cm;

腰围 =64cm −5cm =59cm;

臀围 =80cm +6cm =86cm;

上裆 =23cm(不含腰头)。

(4)**纸样设计图**(图5－23)

前片制图:

①作长方形。长方形宽为$\frac{1}{4}$成品臀围尺寸21.5cm,高为上裆尺寸23cm。

②做臀围线。臀围线位于腰围辅助线至横裆线的下$\frac{1}{3}$处。

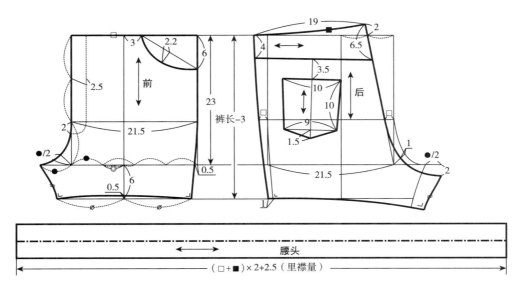

图 5 – 23 牛仔短裤纸样设计图

③做裤摆线。自横档线向下取6cm做裤摆辅助线。

④做挺缝线。同图5–7B直筒裤作图。

⑤确定小档宽度,做前中线和小档弯弧线。其他同图5–8直筒裤作图。

⑥做前腰围线。忽略前腰围尺寸,使其和前臀围尺寸相等。

⑦做前侧缝线。弧线连接腰围侧缝点、臀围侧缝点、横档侧缝点,并圆顺延长至裤摆辅助线。

⑧确定裤口宽。裤摆辅助线上,侧缝线与挺缝线之间的距离为前裤口的$\frac{1}{2}$,在内缝侧取相同的尺寸,为裤摆内缝点。

⑨做前内缝线。

⑩修正裤摆线。

⑪做平插袋。平插袋口宽至距离挺缝线3cm的位置,袋口尺寸6cm。袋口弧线中点凹2.2cm。

⑫确定门襟宽度和长度。门襟宽2.5cm,长至臀围线下2cm。

后片制图:

在前片基础上进行绘制。

①做后档线。档斜的确定同图5–8直筒裤作图,后档起翘量取定值2cm(该数值可根据年龄和裤子的合体程度进行调整),落档2cm,大档宽在小档宽的基础上增加$\frac{1}{2}$小档宽,大档凹量在小档凹量的基础上减小1cm。落档加大可以增加后档缝的长度,从而增加运动松量。

②做后腰线。后腰线尺寸为19cm。

③做后侧缝线。后裤摆侧缝点在前裤摆侧缝点基础上展宽1cm。

④做后内缝线。后内缝线和前内缝线平行,长度相等。

⑤做裤口线。弧线连接后裤摆侧缝点和裤摆内缝点。把裤口尺寸和人体大腿根围相比较,

松量至少4cm,若松量较小,修正侧缝线和内缝线的弧度,加大裤口尺寸。

⑥做后育克。育克后中心宽度为6.5cm,侧缝宽度为4cm。

⑦做后贴袋。贴袋上边宽10cm,下边宽9cm,长10cm,宝剑头1.5cm。口袋上边线与育克下边线平行,相距3.5cm。

腰头制图:

腰头长为腰口尺寸+2.5cm 里襟量,宽3cm,里、面连裁。

第七节　连身裤纸样设计

连身裤不仅适合1周岁以下的婴儿穿着,同样适合其他年龄段的儿童。连身裤既适合儿童挺身凸腹的体型特点,又便于运动。有关连体裤的结构在第二章婴儿装纸样设计中已有详细的阐述。

较大儿童连身裤装同样包含背带裤和连体裤。以下款为例进行连身裤装纸样设计方法介绍。

(1)**款式风格**

宽松形设计,腰部以上开口系扣,腰部橡筋收缩,领子、肩头、口袋上边、袖口、裤口等部位使用针织罗纹(图5-24)。

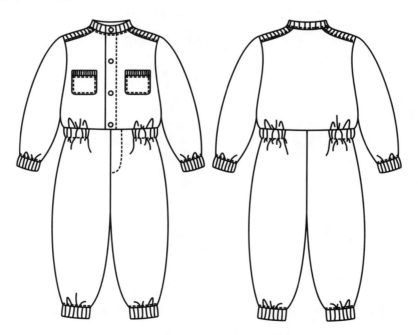

图5-24　连身裤款式设计图

(2)**适合年龄**

各个年龄段儿童。

（3）**规格设计**

裤长 = 正常裤长；

上裆 = 基本上裆尺寸 +2cm 长度放松量；

臀围 = 净臀围 +16cm 放松量；

罗纹裤口长 = 踝围 +2cm 放松量；

胸围 = 净胸围 +18cm 放松量；

袖长 = 实际袖长；

罗纹袖口长 = 手腕围 +2cm 放松量。

以身高 120cm 儿童为例：

裤长 = 72cm；

上裆 = 23cm +2cm = 25cm；

臀围 = 64cm +16cm = 80cm；

罗纹裤口长 = 17cm +2cm = 19cm；

胸围 = 62cm +18cm = 80cm；

袖长 = 38cm；

罗纹袖口长 = 14cm +2cm = 16cm。

（4）**纸样设计图**（图 5 – 25）

前片制图：

①作长方形。长方形宽为 $\frac{1}{4}$ 成品臀围尺寸 20cm，高为上裆尺寸 25cm。

②做臀围线。臀围线制图同其他裤装。

③做裤摆线。自腰辅助线向下量取裤长减去 3cm 罗纹口的宽度 69cm 做裤摆线。

④做中裆线。平分裤摆线与横裆线之间的距离，自中点上移 3cm 做中裆线。

⑤挺缝线、小裆宽度、前中线、小裆弯弧线等的制图同图 5 – 8 直筒裤。

⑥确定裤口宽。根据罗纹口的宽度确定裤口宽度。自挺缝线向两边分别取 7.5cm 的尺寸。

⑦确定中裆尺寸。在中裆线上，自挺缝线向两边分别取 9.5cm 的中裆尺寸。

⑧内缝线和侧缝线的制图同图 5 – 8 直筒裤。

⑨确定腰部橡筋的长度和宽度。橡筋宽 3cm，中间分割，绱两条橡筋，长自侧缝至挺缝线的位置。

⑩确定门襟宽度和长度。门襟宽 2cm，长至臀围线下 3cm。

利用衣身原型完成前片上衣的绘制：

①上衣原型与裤子的拼接。上衣原型前中心线在裤子前中心线的延长线上，上衣原型与裤子在腰围线处相拼接。上衣搭门宽 1cm。

②做上衣侧缝线。上衣前片在原型基础上加放 1cm，从而保持 18cm 的松量，袖窿深点在原型袖窿深基础上加深 2cm。

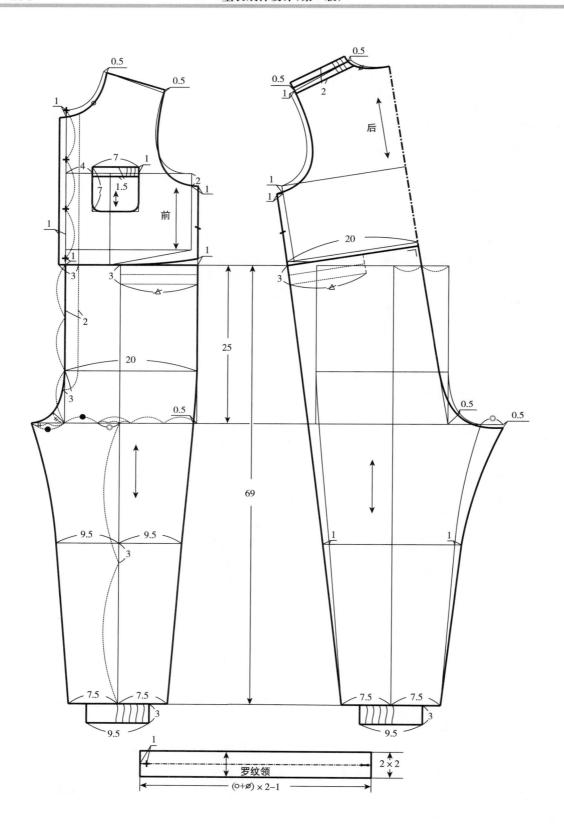

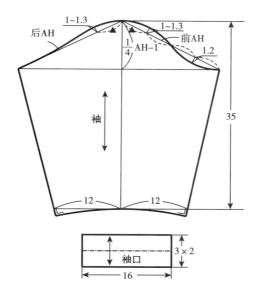

图 5－25　连身裤纸样设计图

③做上衣领口弧线。领宽自颈侧点沿肩线移下 0.5cm,领深加深 1cm。

④做肩线和袖窿弧线。肩点抬高 0.5cm。

⑤确定口袋大小及位置。口袋宽 7cm,长 7cm,下边圆角处理,罗纹布宽 1.5cm。口袋上边在胸围线上 1cm 处,前中心距衣身前中心线 4cm。

⑥确定扣位。第一粒扣在罗纹领口的中间位置,最下边一粒扣在腰围线上 1cm,其他两粒扣位于第一粒扣和最下边一粒扣的三等分处。

⑦做贴边。贴边宽 3cm。

后片制图:

在前片基础上进行制图。

①做后裆线。后裆线的制图同图 5~8 直筒裤。

②确定后裤口宽和中裆宽。后裤口尺寸等于前裤口尺寸,中裆在前片基础上两侧各加宽 1cm。

利用衣身原型完成后片上衣的绘制:

①做上衣侧缝线。上衣后片和前片放松量相等,袖窿深点在原型袖窿深基础上加深 1cm,后片上衣的侧缝线应与前片相应部位保持相等,因此应加长后衣长的尺寸,重新确定腰围线。

②上衣与裤子的拼接。上衣与裤子在腰围线处拼接,上衣后中线在裤子后裆线的延长线上。

③做上衣领口弧线。后领宽等于前领宽,领深不变。

④做肩线和袖窿弧线。后片肩点抬高 0.5cm,肩点收进 1cm。

⑤做肩部罗纹。罗纹宽 2cm,中线位于后肩线上。

领子制图:

　　领子罗纹口长度为前后领口弧线之和减 1cm,宽为 2cm,里、面连裁。

　　袖子制图:

　　袖子制图长度为(袖长 38cm－3cm 罗纹口)35cm,袖山高$\frac{1}{4}$AH－1cm,前袖山斜线长为前 AH,后袖山斜线长为后 AH,袖山弧线的制图同原型衣袖制图,袖口宽根据罗纹袖口的尺寸进行确定,取罗纹袖口宽的 1.5 倍24cm,该尺寸被袖中线平分。

　　袖口制图:

　　罗纹袖口长为 16cm,宽 3cm,里、面连裁。

参考文献

[1] 周丽娅,胡小冬.系列童装设计[M].北京:中国纺织出版社,2003.

[2] 姚穆.纺织材料学[M].北京:纺织工业出版社,1990.

[3] 朱松文.服装材料学[M].北京:中国纺织出版社,2001.

[4] 文化服装学院.文化服装讲座——童装·礼服篇[M].郝瑞闽,编译.北京:中国轻工业出版社,1998.

[5] 吴俊.男装童装结构设计与应用[M].北京:中国纺织出版社,2001.

[6] 文化服装学院.文化服装讲座——童装篇[M].北京:中国展望出版社,1980.

[7] 中国标准出版社第一编辑室.服装工业常用标准汇编(第四版)[M].北京:中国标准出版社,2005.

[8] 登丽美服装学院.登丽美时装造型·工艺设计(最新版).上海:东华大学出版社,2003.

[9] 威妮弗雷德·奥尔德里奇.童装、婴儿装纸样设计(0~14岁)[M].姜蕾,译.北京:中国纺织出版社,2001.

[10] 张文斌.服装工艺学结构设计分册[M].北京:中国纺织出版社,2000.

附录1　我国童装参考尺寸

一、我国儿童服装号型系列

服装号型是服装设计与制板的基础,用于指导服装规格的确定及纸样的放缩。

我国儿童服装号型执行的标准是 GB/T 1335.3—1997,该标准包含了身高 52~80cm 的婴儿号型系列、80~130cm 的儿童号型系列、135~160cm 的男童和 135~155cm 的女童号型系列。儿童无中间体,无体型分类。

(一)号型的定义和标志

1.号型的定义

号——指人体的身高,以厘米为单位表示,是设计和选购服装长短的依据。

型——指人体的胸围和腰围,是设计和选购服装肥瘦的依据。

2.号型标志

童装号型标志是号/型,表明所采用该号型的服装适用于身高和胸围(或腰围)与此号型相近似的儿童。如上装号型 140/64,表明该服装适用于身高 138~142cm,胸围 62~65cm 的儿童穿着;下装号型 145/63,表示该服装适用于身高 142~147cm,腰围 62~64cm 的儿童穿着。

(二)我国儿童服装号型系列表

1.身高 52~80cm 的婴儿号型系列

身高 52~80cm 的婴儿,身高以 7cm 分档,胸围以 4cm、腰围以 3cm 分档,分别组成 7·4(附表 1-1)和 7·3(附表 1-2)系列。

附表 1-1　身高 52~80cm 的婴儿上装号型系列表　　　　单位:cm

号	型		
52	40		
59	40	44	
66	40	44	48
73		44	48
80			48

2.身高 80~130cm 的儿童号型系列

身高 80~130cm 的儿童,身高以 10cm 分档,胸围以 4cm、腰围以 3cm 分档,分别组成 10·4(附表 1-3)和 10·3(附表 1-4)系列。

附表 1 - 2　身高 52 ~ 80cm 的婴儿下装号型系列表　　　　　　　单位:cm

号	型		
52	41		
59	41	44	
66	41	44	47
73		44	47
80			47

附表 1 - 3　身高 80 ~ 130cm 的儿童上装号型系列表　　　　　　　单位:cm

号	型				
80	48				
90	48	52	56		
100	48	52	56		
110		52	56		
120		52	56	60	
130			56	60	64

附表 1 - 4　身高 80 ~ 130cm 的儿童下装号型系列表　　　　　　　单位:cm

号	型				
80	47				
90	47	50			
100	47	50	53		
110		50	53		
120		50	53	56	
130			53	56	59

3. 身高 135 ~ 160cm 的男童号型系列

身高 135 ~ 160cm 的男童,身高以 5cm 分档,胸围以 4cm、腰围以 3cm 分档,分别组成 5·4 (附表 1 - 5)和 5·3(附表 1 - 6)系列。

附表 1 - 5　身高 135 ~ 160cm 的男童上装号型系列表　　　　　　　单位:cm

号	型				
135	60	64	68		
140	60	64	68		
145		64	68	72	
150		64	68	72	
155			68	72	76
160				72	76	80

附表 1－6　身高 135～160cm 的男童下装号型系列表　　　　　　　单位:cm

号	型				
135	54	57	60		
140	54	57	60		
145		57	60	63	
150		57	60	63	
155			60	63	66
160				63	66	69

4. 身高 135～155cm 的女童号型系列

身高 135～155cm 的女童，身高以 5cm 分档，胸围以 4cm、腰围以 3cm 分档，分别组成 5·4（附表 1－7）和 5·3（附表 1－8）系列。

附表 1－7　身高 135～155cm 的女童上装号型系列表　　　　　　　单位:cm

号	型				
135	56	60	64		
140		60	64		
145			64	68	
150			64	68	72
155				68	72	76

附表 1－8　身高 135～155cm 的女童下装号型系列表　　　　　　　单位:cm

号	型				
135	49	52	55		
140		52	55		
145			55	58	
150			55	58	61
155				58	61	64

二、我国儿童服装号型系列控制部位数值及分档数值

控制部位数值是人体主要部位的数值（系净体数值），是设计服装规格的依据。长度方向

有身高、坐姿颈椎点高、全臂长和腰围高 4 个数值,围度方向有胸围、颈围、总肩宽、腰围和臀围 5 个数值。在我国服装号型中,身高 80cm 以下的婴儿没有控制部位数值。儿童控制部位的测量方法见下图所示。

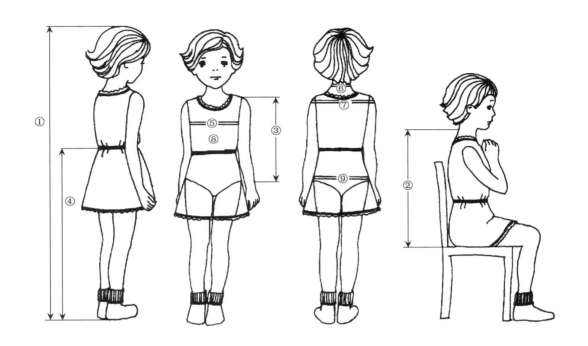

附图 国标中的儿童测体方法

①—身高 ②—坐姿颈椎点高 ③—全臂长 ④—腰围高 ⑤—胸围 ⑥—颈围

⑦—总肩宽(后肩弧长) ⑧—腰围(最小腰围) ⑨—臀围

(一)身高 80～130cm 儿童控制部位的数值

1. 长度方向的数值(附表 1 – 9)

附表 1 – 9 身高 80～130cm 的儿童长度方向控制部位数值及分档数值   单位:cm

部位	数值　　　　　号	80	90	100	110	120	130	分档数值
长度	身高	80	90	100	110	120	130	10
	坐姿颈椎点高	30	34	38	42	46	50	4
	全臂长	25	28	31	34	37	40	3
	腰围高	44	51	58	65	72	79	7

2. 围度方向的数值(附表1－10、附表1－11)

附表1－10　身高80~130cm的儿童围度方向上装控制部位数值及分档数值　　单位:cm

部位	数值　上装型	48	52	56	60	64	分档数值
围度	胸围	48	52	56	60	64	4
	颈围	24.2	25	25.8	26.6	27.4	0.8
	总肩宽	24.4	26.2	28	29.8	31.6	1.8

附表1－11　身高80~130cm的儿童围度方向下装控制部位数值及分档数值　　单位:cm

部位	数值　下装型	47	50	53	56	59	分档数值
围度	腰围	47	50	53	56	59	3
	臀围	49	54	59	64	69	5

(二)身高135~160cm的男童控制部位数值

1. 长度方向的数值(附表1－12)

附表1－12　身高135~160cm的男童长度方向控制部位数值及分档数值　　单位:cm

部位	数值　号	135	140	145	150	155	160	分档数值
长度	身高	135	140	145	150	155	160	5
	坐姿颈椎点高	49	51	53	55	57	59	2
	全臂长	44.5	46	47.5	49	50.5	52	1.5
	腰围高	83	86	89	92	95	98	3

2. 围度方向的数值(附表1－13、附表1－14)

附表1－13　身高135~160cm的男童围度方向上装控制部位数值及分档数值　　单位:cm

部位	数值　上装型	60	64	68	72	76	80	分档数值
围度	胸围	60	64	68	72	76	80	4
	颈围	29.5	30.5	31.5	32.5	33.5	34.5	1
	总肩宽	34.6	35.8	37	38.2	39.4	40.6	1.2

附表1－14　身高135～160cm的男童围度方向下装控制部位数值及分档数值　　单位:cm

部位	数值　下装型	54	57	60	63	66	69	分档数值
围度	腰围	54	57	60	63	66	69	3
	臀围	64	68.5	73	77.5	82	86.5	4.5

(三)身高135～155cm的女童控制部位数值

1. 长度方向的数值(附表1－15)

附表1－15　身高135～155cm的女童长度方向控制部位数值及分档数值　　单位:cm

部位	数值　号	135	140	145	150	155	分档数值
长度	身高	135	140	145	150	155	5
	坐姿颈椎点高	50	52	54	56	58	2
	全臂长	43	44.5	46	47.5	49	1.5
	腰围高	84	87	90	93	96	3

2. 围度方向的数值(附表1－16、附表1－17)

附表1－16　身高135～155cm的女童围度方向上装控制部位数值及分档数值　　单位:cm

部位	数值　上装型	60	64	68	72	76	分档数值
围度	胸围	60	64	68	72	76	4
	颈围	28	29	30	31	32	1
	总肩宽	33.8	35	36.2	37.4	38.6	1.2

附表1－17　身高135～155cm的女童围度方向下装控制部位数值及分档数值　　单位:cm

部位	数值　下装型	52	55	58	61	64	分档数值
围度	腰围	52	55	58	61	64	3
	臀围	66	70.5	75	79.5	84	4.5

附录 2　国外童装参考尺寸

日本、英国等发达国家对儿童的各个部位进行了准确的测量,形成了多部位测量标准,可作为我国童装尺寸设计时的参考。

(一)日本童装制作时的参考尺寸

以日本文化女子大学的尺寸为基础,并考虑到近年来儿童的身体发育变化,经过改进而形成的童装制作时的参考尺寸(附表 2 −1)。

表中,婴儿尺寸是在仰卧状态下测定的,腹围和总长等是在抱着或坐着的状态下测量的,测量不是特别精确。其中一些部位的测量方法为:

颈根围——从锁骨内侧经过第七颈椎点,绕颈根一周的尺寸。

颈长——前颈长是从腭与颈相交处到颈根的距离,后颈长是从后头部下方到第七颈椎点的距离。

胸围——对于胸围的解释较多,分为胸围、胸下围和腋下胸围。胸围指通过胸高点水平绕胸部一周的尺寸;胸下围指绕少女胸部半满处下面一周的尺寸;腋下胸围指通过少年腋下水平绕胸部一周的尺寸。在我国,男女童采用统一的胸围测量方法。

腰围——通常绕腰部最细处一周测量。婴幼儿腹部凸出,腰围即为腹围,其测量方法是通过婴儿肚脐围绕一周。本尺寸表中,少年的腰围被称作下胴围,采用常用的测量方法。

臀围——绕后臀部最高点一周的尺寸。

全肩宽——从左肩端点通过颈后点到右肩端点沿身体测量的长度。

肩宽——即为小肩宽,其测量是从颈后点到肩端点的长度。

背长——从颈后点到腰围(婴幼儿到腹围)沿身体测量所得的尺寸。

总长——从背长处继续测量,背长处到臀围沿身体测量,臀围到地面垂直测量得到的长度之和。

袖长——从肩端点沿上臂到肘点,从肘点量到手腕的长度之和。

上臂围——上臂的最大围度。

腕围——通过手腕点一周的长度。

掌围——掌围分为两种,一种是包含拇指的手掌围,另外一种是不包含拇指的手掌围,其测量是按照不同的服装类型围绕手掌一周的尺寸。

胴纵围——绕躯干纵向一周的尺寸,婴儿从尿布向上量。

大腿根围——大腿最胖位置一周的尺寸。

小腿最大围——小腿最胖位置一周的尺寸。

裆高——从裆部到地面的垂直距离。

附表 2－1　日本文化女子大学测量尺寸

单位：cm

序号	采寸部位	对称	1月	6月	12月(1岁)	18~24月(2岁)	36月/3岁 女	36月/3岁 男	4~5 女	4~5 男	6~7 女	6~7 男	7~8 女	7~8 男	9~10 女	9~10 男	11 女	11 男	12 女	12 男	13 女	13 男
1	身高		50	60	70	80	90	90	100	100	110	110	120	120	130	130	140	140	150	150	160	160
2	体重（kg）		3	6	9	11	13	13	16	16	19	19	23	23	29	29	34	34	42	43	48	51
3	颈根围			23	24	25	26	26	28	28	29	29	30	30	32	33	33	35	35	37	37	39
3¹	颈长		1	1	1.5	2	3	3	3.5	3.5	4	4	4.5	4.5	5	5	5.5	5.5	6	6	6.5	6.5
4	颈围	少年																30		32		33
5	胸围	婴幼儿	33	42	45	48	48	50	52	54	56	56	60	60	64	64	68	68	74	74	80	80
6	胸下围	少女															65		66		70	
7	腋下胸围	少女															70		76		83	
8	腹围	婴幼儿		40	42	45	47	47	50	50												
9	腰围						45	45	48	48	51	51	52	52	55	55	57	57	58	58	62	62
10	下胸围	少年						45		48		52		53		57		60		65		68
11	臀围			41	44	47	52	52	58	58	61	61	63	62	68	67	73	71	83	77	88	83
12	总肩宽			17	20	22	24	24	27	27	29	29	30	30	32	32	35	35	37	37	40	41
13	肩宽		(5.4)	6.1	6.8	7.5	8.2	8.2	8.5	8.5	8.9	8.9	9.6	9.6	10.3	10.3	11	11	11.7	11.7	12.4	12.4
14	背长			(16)	(18)	20	22	22	24	25	26	28	28	30	30	32	32	34	34	37	37	42
15	总长				56	64	73	73	82	82	92	92	101	101	110	110	120	120	128	129	137	140
16	袖长			18	21	25	28	28	31	31	35	35	38	38	41	42	45	46	48	49	52	52

续表

> 注：各年龄段凡出现两数值者，格式为「女/男」；单一数值为女、男通用。括号内为推算值。

序号	采寸部位	对称	1月	6月	12月(1岁)	18~24月(2岁)	36月/3岁	4~5岁	6~7岁	7~8岁	9~10岁	11岁	12岁	13岁
17	上臂围		—	14	15	16	16	17	18/17	19/18	20	21	23	25
18	腕围		—	10	11	11	11	11	12	12/13	13	14	14/15	15/16
19	含拇指掌围		—	11	12	13	14	15	16	17	18/19	19/20	20/21	21/22
19¹	不含拇指掌围		—	10	11	12	12	13	14	15	15/16	16/17	17/18	18/19
20¹	胴纵围(尿布在上) 婴幼儿		—	69	75	81	87							
20	胴纵围						85	93	101	109	117	125	133	145/142
21	大腿根围		—	25	26	27	30/29	32/31	34/33	37/36	40/39	43/41	48/44	51/48
22	小腿最大围		—	16	18	19	20	22	23	25	27	29/28	32/31	34/33
23	下裆高		—	—	25	30	36	42	48	54	60	65	70	75
24¹	上裆(尿布在上) 婴幼儿		—	(13)	14	15	16							
24	上裆						(15)	17/16	18/16	19/17	20/18	22/20	24/22	25/23
25	下裆		—	(17)	22	27	32	38	43	49	54	59	63	68
26	腰高		—	—	39	45	52	59/58	66/64	73/71	80/78	87/85	94/92	100/98
27	膝高		—	16	17	19	22	25	28	31	34	37	40	42/43
28	外踝高		—	—	3	3	4	4	5	5	6	6	7	7
29	脚长		—	9	11	13	15	16	17/18	19	20/21	22	23/24	24/25
30	头围		33	41	45	47	49	50	51	51	52	53	54	55

上裆——从腰围(少年从下胴位置)到横裆之间的距离。

下裆——从裆部到踝骨之间的距离。

腰高——从腰围(少年从下胴位置)到地面的距离。

膝高——膝盖到地面的距离。

外踝高——从踝骨中心到地面的距离。

脚长——从脚后跟到最长的脚趾头端画直线测量的长度。

头围——通过眉点与后头点,绕头一周的尺寸。

(二)英国儿童标准人体测量尺寸

附表2－2~附表2－4是英国诺丁翰(Nottingham)大学收集的尺寸,符合人体工程学的全球通用人体测量数据。其中一些部位的测量方法为:

背宽——两袖窿垂直线间的最宽处距离。

袖窿深——从袖窿顶点到袖窿底的距离。

颈椎高——从第七颈椎点到脚底的距离。

腰至膝长——从后腰线到后膝围线的距离。

上裆长——坐姿时,从腰线到凳面的距离,或等于腰围高－下裆长。

躯干长——从肩部中心点,经后背绕过腹部下方的裆衩以及前胸处,回到起始的肩部中点。

附表2－2　0~3周岁婴儿标准人体测量尺寸

(身高58~98cm,大致年龄0~3周岁的男女童)　　　　　　　　单位:cm

身高	58	64	72	80	86	92	98
大致体重/kg	4~5	6~7	8	9~10	11~12	—	—
大致年龄	出生	3个月	6个月	12个月	18个月	2周岁	3周岁
胸围	40	43	46	49	51	53	55
腰围	38	41	44	47	49	51	53
臀围	40	43	46	50	52	54	56
背宽	16.8	18	19.2	20.4	21.2	22	22.8
颈根围	22.5	23.5	24.5	25.5	26	26.5	27
肩宽	4.4	5	5.6	6.2	6.6	7	7.4
上臂围	14.2	15.2	16.2	17.2	17.6	18	18.4
手腕围	9.6	10.4	11.2	12	12.3	12.6	12.9
袖窿深	9.6	10.2	10.8	11.4	12	12.6	13.2
背长	17	18.2	19.4	20.6	21.8	23	24.2
臀高	—	—	—	—	—	11.4	12
颈椎高	—	—	—	—	—	75.5	80.8
腰至膝长	—	—	—	—	—	32	34
上裆长	11.4	12.4	13.4	14.4	15.4	16.4	17.4

续表

身高	58	64	72	80	86	92	98
大致体重/kg	4～5	6～7	8	9～10	11～12	—	—
大致年龄	出生	3个月	6个月	12个月	18个月	2周岁	3周岁
下档长	19	23	27	31	34.5	38	41.5
袖长	19.5	22	24.5	27	29.5	32	34.5
头围	42.5	44.5	46.5	48.5	49.5	50.5	51.5
躯干长	72	77	82	87	92	97	102
踝围	11	12	13	14	14.5	15	15.5
足长	8.4	9.6	10.8	12	13	14	15
附加尺寸(服装)							
2片袖的袖头尺寸	—	—	—	—	—	10	10.2
衬衫的袖头尺寸	—	—	—	—	—	15	15.4
裤口宽	—	—	—	—	—	15.5	16
牛仔裤的裤口宽	—	—	—	—	—	13.5	14

附表 2－3　4～12 周岁女童(未发育完全的体型)标准人体测量尺寸

(身高 104～152cm,大致年龄 4～12 周岁的女童)　　　　单位:cm

身高	104	110	116	122	128	134	140	146	152
大致年龄/周岁	4	5	6	7	8	9	10	11	12
胸围	57	59	61	63	66	69	72	75	78
腰围	54	56	58	59	60	61	62	63	64
臀围	59	62	65	68	71	74	77	80	83
背宽	23.6	24.4	25.2	26	27.2	28.4	29.6	30.8	32
颈根围	27.5	28	28.5	29	30	31	32	33	34
肩宽	7.8	8.2	8.6	9	9.5	10	10.5	11	11.5
上臂围	18.8	19.2	19.6	20	20.8	21.6	22.4	23.2	24
手腕围	13.2	13.5	13.8	14.1	14.4	14.7	15	15.3	15.6
袖窿深	13.8	14.4	15	15.6	16.2	16.8	17.4	18	18.6
背长	25.4	26.6	27.8	29	30.2	31.4	32.6	33.8	35
臀高	12.6	13.2	13.8	14.4	15	15.6	16.2	16.8	17.4
颈椎高	86.1	91.4	96.7	102	107.4	112.8	118.2	123.6	129
腰至膝长	36	38	40	42	44	46	48	50	52
上档长	18.4	19.2	20	20.8	21.6	22.4	23.2	24	24.8
下档长	45	48.5	52	55.5	59	62	65	68	71
袖长	37	39.5	42	44.5	47	49.5	52	54	56
头围	52.5	52.9	53.3	53.7	54.1	54.5	54.9	55.3	55.7

续表

身高	104	110	116	122	128	134	140	146	152
大致年龄/周岁	4	5	6	7	8	9	10	11	12
踝围	16	16.5	17	17.5	18	18.5	19	19.5	20
附加尺寸（服装）									
2片袖的袖头尺寸	10.4	10.6	10.8	11	11.5	12	12.5	13	13.5
衬衫的袖头尺寸	15.8	16.2	16.6	17	17.5	18	18.5	19	20
裤口宽	16.5	17	17.5	18	18.5	19	19.5	20	20.5
牛仔裤的裤口宽	14.5	15	15.5	16	16.5	17	17.5	18	18.5

附表2－4　4～14周岁男童标准人体测量尺寸

（身高104～170cm，大致年龄4～14周岁的男童）　　　　　　　单位：cm

身高	104	110	116	122	128	134	140	146	152	158	164	170
大致年龄/周岁	4	5	6	7	8	9	10	11	12	13～14		
胸围	57	59	61	64	67	70	73	76	79	82	86	90
腰围	54	56	58	60	62	64	66	68	70	72	74	76
臀围	58	61	64	67	70	73	76	79	82	85	89	93
背宽	24	24.8	25.6	26.8	28	29.2	30.4	31.6	32.8	34	35.6	37.2
颈根围	27.5	28	28.5	29	30	31	32	33	34	35	36	37
肩宽	8	8.5	9	9.5	10	10.5	11	11.5	12	12.5	13.1	13.7
上臂围	18.8	19.2	19.6	20	20.8	21.6	22.4	23.2	24	24.8	25.6	26.8
手腕围	13.4	13.6	13.8	14	14.4	14.8	15.2	15.6	16	16.4	16.8	17.2
袖窿深	13.8	14.4	15	15.6	16.4	17.2	18	18.8	19.6	20.4	21.4	22.4
背长	25.8	27	28.2	29.4	30.8	32.2	33.6	35	36.4	37.8	39.4	41
臀高	12.6	13.2	13.8	14.4	15	15.6	16.2	16.8	17.4	18	18.8	19.6
颈椎高	86.1	91.4	96.7	102	107.4	112.8	118.2	123.6	129	134.4	139.8	145.2
上裆长	18	18.8	19.6	20.4	21.2	22	22.8	23.6	24.4	25.2	26.2	27.2
下裆长	45	48.5	52	55.5	59	61	65	68	71	74	77	80
袖长	37	39.5	42	44.5	47	49.5	52	54.5	57	59	61	63
头围	52.5	53	53.5	54	54.5	55	55.5	56	56.5	57	57.4	57.8
附加尺寸（服装）												
2片袖袖头尺寸	10.4	10.6	10.8	11	11.5	12	12.5	13	13.5	13.8	14	14.2
衬衫袖头尺寸	15.8	16.2	16.6	17	17.5	18	18.5	19	20	20.5	21	21.5
裤口宽	16.5	17	17.5	18	18.5	19	19.5	20	20.5	21	21.5	22
牛仔裤的裤口宽	14.5	15	15.5	16	16.5	17	17.5	18	18.5	18.8	19	19.2